普通高等教育"十二五"电工电子基础课程规划教材

模拟电子技术实验与实践指导

主　编　史雪飞

副主编　林　颖

参　编　陈　静　薛　燕　冯　涛

机械工业出版社

本书是"模拟电子技术"课程的配套实验和教学辅导教材。全书分为两部分内容:"模拟电子技术实验"和"模拟电子技术从理论到实践的过渡"。第一部分内容包含了实验教学体系中的三个层次:基础性实验、综合设计性实验和仿真实验。基础性实验部分通过对基本元器件、基本电路的测试使学生掌握和巩固常用元器件的外特性、重要电路的工作过程,这部分采用了便撕式设计,增强了该书的实用性;综合设计性实验主要基于核心元器件——晶体管和集成运放的应用展开;仿真实验通过 Multisim 软件平台对基本应用电路进行辅助分析,拓展了学生的实践空间。第二部分的内容分为两章:从理论知识到实践能力的过渡需要首先解决的几个关键性思维转换和课程重要的概念理解;基于电子设计大赛模拟电路题目进行的实践指导,包括对集成运放的详细实践指导、比赛题目的方案选择、设计过程等内容。

本书可作为高等院校电气、自动化、电子信息及其他相关专业的本科生教材,也可作为参加各类电子设计竞赛学生自学的参考书以及有关工程技术人员的参考书。

编辑邮箱:jinacmp@ 163. com

图书在版编目(CIP)数据

模拟电子技术实验与实践指导/史雪飞主编. —北京:机械工业出版社,2013.8(2018.7重印)

普通高等教育"十二五"电工电子基础课程规划教材

ISBN 978-7-111-43205-0

Ⅰ.①模…　Ⅱ.①史…　Ⅲ.①模拟电路–电子技术–高等学校–教学参考资料　Ⅳ.①TN710

中国版本图书馆 CIP 数据核字(2013)第 165471 号

机械工业出版社(北京市百万庄大街22号　邮政编码100037)

策划编辑:吉　玲　责任编辑:吉　玲　徐　凡

版式设计:常天培　责任校对:张　媛

封面设计:张　静　责任印制:常天培

北京机工印刷厂印刷

2018 年 7 月第 1 版第 4 次印刷

184mm×260mm · 12. 25 印张 · 301 千字

标准书号:ISBN 978-7-111-43205-0

定价:25.00 元

前　言

　　本书是根据高等学校电气、自动化、电子信息等专业"模拟电子技术"课程的教学大纲而编写的配套实验、实践指导教材。教材的编写依托校级重点教改项目——深化电工电子课程群教育教学改革，大力提升学生实践能力和创新意识。电工电子系列课程群包含电路分析基础、模拟电子技术、数字电子技术、微机原理及应用、嵌入式系统等相关课程，其特点是各门课程之间内容融会贯通、层次分明，与实际应用结合十分紧密。然而这些课程难教难学，尤其是模拟电子技术，不仅理论知识纷繁复杂，而且学生从理论到实践的过渡并不顺畅，其中很重要的一个原因是该课程从理论到实践的过渡需要首先解决几个关键性的思维转换；另外一个制约因素就是硬件电路在很大程度上依赖于实验环境，学生很难在课下自己完成，因此仿真实验和课外科技活动都是最好的拓展环节。如何帮助学生更好地"勾勒"出模拟电子技术课程的核心思想和精髓内容，顺利地从理论过渡到实践，以及对学生进行课外科技活动的指导都是本书在编写过程中紧密围绕的主要内容，也是本书的独特之处。

　　全书分两大部分，共6章内容，是编者总结多年的教学经验和积累而完成的。第一部分内容是模拟电子技术实验，有4章内容，包含三个层次的实践教学。第1章常用电子仪器的使用，第2章基础性实验，属于验证性实验层次，内容主要涉及对基本元器件和基本电路的测试，了解它们的外特性和工作过程；第3章综合设计性实验，主要基于课程的核心器件——晶体管和集成运放的应用电路展开设计；第4章仿真实验是利用Multisim软件平台对各种基本应用电路进行辅助分析，拓展了学生的实践空间。第二部分是模拟电子技术从理论到实践的过渡，共2章的内容。第5章是从理论到实践过渡需要首先解决的几个关键性思维转换和对重要概念的深入理解，这一章也可作为理论教学的辅导资料，帮助学生更好地掌握模拟电子技术课程的核心思想和本质精髓；第6章是对模拟电子技术实践环节的具体指导，包括对课程核心器件——集成运放从理论分析到实践应用还需要填补的基本专业知识和相关技能，以及电子设计大赛实际竞赛题目的案例分析与指导，这一章可作为电子设计大赛的指导内容，也是提高学生电子技术实践水平的最好途径。

　　本书的第1章和附录由林颖执笔，第2章由陈静执笔，第3章和第5章由史雪飞执笔，第4章由薛燕执笔，第6章由冯涛执笔；史雪飞担任主编，林颖担任副主编，共同负责全书的统稿和定稿工作。

　　本教材的出版得到了教育部本科教学工程—专业综合改革试点项目经费和北京科技大学教材建设基金的资助，在此表示衷心感谢。

　　由于编者水平有限，并且电子技术发展迅速，书中难免存在疏漏和不足之处，恳请同行和读者批评指正，特别是使用该书的教师和学生，欢迎提出改进意见，具体联系方式sxf1245@ ies. ustb. edu. cn。

编　者

目　录

第1章 常用电子仪器的使用

1.1 示波器的使用

1.1.1 实验目的

1. 了解示波器的工作原理。

2. 初步掌握示波器的正确使用方法。

1.1.2 原理说明

1. 示波管的基本原理

示波器是一种用途十分广泛的电子测量仪器，它能把电信号转换成看得见的图像，便于人们研究电信号的变化过程。利用示波器能观察各种不同信号幅度随时间变化的波形曲线，还可以用它测试各种不同的电量，如电压、电流、频率、相位差、幅度等。

示波器的基本结构图如图1-1所示，示波管是示波器的重要组成部分，它主要由电子枪、偏转系统、荧光屏三大部分组成。这三部分都密封在一个真空的玻璃壳内，其作用是把电信号转变成发光的图形，其工作原理如下。

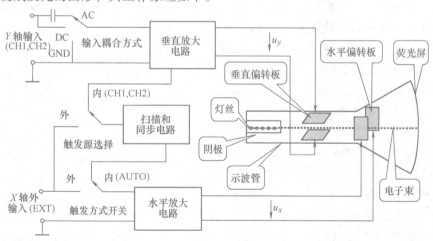

图 1-1 示波器的基本结构图

电子枪由灯丝、阴极、控制栅极等组成，其作用是发射电子束和聚焦。当调节阴极与栅极间的电压时，可控制发射电子的多少，从而调节荧光屏上光点的大小和亮度。示波器面板上的辉度调节旋钮和聚焦调节旋钮即作用在此。

偏转系统由垂直（Y轴）和水平（X轴）偏转板组成，其作用是将被测信号变成电子束的运动轨迹。当偏转板存在电位差，则偏转板间就形成了电场，电子束就朝着电位比较高的偏转板偏转，于是垂直电场与水平电场分别控制电子束的垂直方向和水平方向的运动。

荧光屏是用荧光粉涂在玻璃屏内壁形成的。当电子束打到荧光屏上的某一点时，那一点就显现出荧光。使用示波器时不要让光点长时间地停留在一点上，否则会烧坏该点的荧光物质。

2. 示波器的主要控制系统

（1）垂直（Y 轴）放大电路　由于示波管垂直方向的偏转灵敏度很低，所以一般的被测信号电压都要先经过垂直放大电路的放大，再加到示波管的垂直偏转板上，以得到垂直方向的适当大小的图形。

（2）水平（X 轴）放大电路　由于示波管水平方向的偏转灵敏度很低，所以接入示波管水平偏转板的电压（锯齿波电压或其他电压）也要先经过水平放大以后，再加到示波管的水平偏转板上，以得到水平方向的适当大小的图形。

（3）扫描和同步电路　这个电路产生一个锯齿波电压，该锯齿波的频率能在一定范围内连续可调。锯齿波电压的作用是使示波管阴极发射出的电子束在荧光屏上形成周期性的与时间成正比的水平位移，即形成时间基线。这样，才能把加在垂直方向的被测信号按时间变化的波形展现在荧光屏上。

3. 示波器的工作原理

参考图 1-1 示波器的基本结构图，被测信号电压加到示波器的 Y 轴输入端，经垂直放大电路加于示波管的垂直偏转板。示波器的水平偏转电压，虽然多数情况下采用机器内提供的锯齿波电压（用于观察 Y 轴输入的波形），但有时也采用其他的外加电压（用于测量频率、相位差等），因此在水平放大电路输入端有一个水平信号选择开关。

例如，在 Y 轴输入一个被测的正弦信号，经过放大为 u_y，提供给垂直偏转板，控制电子束作上下方向移动；当水平工作选择、触发源方式选择为"AUTO"时，则 u_x 为锯齿波电压，提供给水平偏转板，使光点进行水平方向的扫描，在屏幕上即显示出被测信号的波形曲线，其显示波形的原理如图 1-2 所示。图 1-2 中圆圈内的波形为荧光屏显示，当 $t = 1$ 时，在 u_y 和 u_x 同时作用下，荧光屏显示光点位置为"1"，以下依次类推。当"t"从"0"到"4"时，显示光点沿"0，1，2，3，4"移动。u_y 变化一周，u_x 从最大值立即回到"0"，只要保证每次移动的起点一样，荧光屏上就能显示出一个稳定的波形。

为了使荧光屏上显示的波形保持稳定，要求锯齿波电压的频率和被测信号的频率保持同步，即整数倍的关系。示波器是取用被测信号部分电

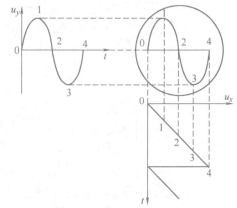

图 1-2　显示波形的原理图

压或电源部分电压，来调整锯齿波的周期，强迫扫描电压与被测信号同步。示波器面板有关触发的按键即是用来调整同步的。为了适应各种要求，同步信号可以通过触发源选择开关来选择，常用的触发源选择用内部"CH1"或"CH2"的信号，触发方式用"AUTO"（自动触发）。

1.1.3　实验内容和步骤

1. 示波器扫描初态调整（GOS-620 型双踪示波器）

GOS-620 型双踪示波器面板开关及控制旋钮如图 1-3 所示，该示波器能测量的信号最高频率是 20MHz。使用时其操作步骤如下：示波器接通电源前，其面板上各旋钮、按键应设定初始位置。以单踪显示"CH1"为例，按表 1-1 设置。

表 1-1　示波器通电前各旋钮、开关的设定初始位置

项目		位置设置
光点亮度及清晰度	辉度调节旋钮（INTEN）	旋至中间位置（旋钮指示正中朝上）
	聚焦调节旋钮（FOCUS）	旋至中间位置
水平方向选择	水平位移旋钮（POSITION）	旋至中间位置
	水平放大 ×10 键（×10MAG）	放置在正常（按键凸起，称为释放状态）
	扫描微调、校准旋钮（SWP. VAR）	旋至"CAL"处（顺时针旋到底，称为校准状态）
	扫描时间旋钮（TIME/DIV）	旋至"0.2ms/DIV"挡（显示屏标尺 X 轴一大格（长度正好 1cm）为 0.2ms）
触发选择	触发源交替按键（TRIG. ALT）	放置在正常（按键凸起，称为释放状态）
	触发方式选择键（MODE）	放置"AUTO"位置（自动触发）
	触发源选择键（SOURCE）	放置"CH1"位置（以"CH1"信号作为触发源）
	触发斜率按键（SLOPE）	放置"+"（按键凸起，处于释放状态）
垂直方向选择	垂直工作方式选择键（VERT MODE）	放置"CH1"位置（单踪显示"CH1"信号）
	"CH1"垂直位移旋钮（POSITION）	旋至中间位置
	"CH1"输入耦合方式选择键（AC-GND-DC）	放置"GND"位置（示波器内部"地"）
	"CH1"垂直衰减旋钮（VOLTS/DIV）	旋至"0.5V/DIV"挡（显示屏标尺 Y 轴一大格（长度正好 1cm）为 0.5V）
	"CH1"垂直微调、校准旋钮（VARIABLE）	旋至"CAL"处（顺时针旋到底，称为校准状态）
	双踪交替显示按键（ALT/CHOP）	放置"ALT"处（按键凸起，为双踪交替显示）
其他	面板上所有小按键	放置在正常（按键凸起，称为释放状态）

打开示波器的电源开关，电源指示灯亮，让示波器预热约 10s，示波器屏幕上应出现一条水平线（扫描线）。如没有出现扫描线，可先调节触发电平旋钮、辉度调节旋钮，再调节水平和垂直位移旋钮，直到屏幕上扫描线位置居中、亮度合适为止。当扫描线较粗又不清晰时，可调整聚焦调节选钮。

2. 单踪显示

在"CH1"信号输入插座上接信号测试线（同轴电缆），测试线一端有两个夹子，其中红夹子接所测信号端，黑夹子必须接所测信号的"地"端。

注意：两通道的黑夹子与示波器内部的"地"相连，也就是说两个黑夹子之间是短路的。

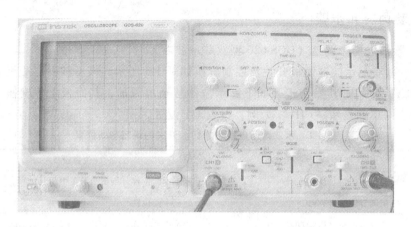

图 1-3　GOS-620 型双踪示波器面板图

将"CH1"输入耦合键放置"AC"或"DC"挡，才能使测试信号输入到示波器中（原理参见图 1-1 中输入耦合方式选择，当开关选择"AC"挡时，Y 轴输入信号需要通过电容后输入到垂直放大电路中，故信号的直流分量将观察不到）。

观察示波器提供的自校信号"CAL"：将测试线上的红夹子夹在示波器面板上的校准信号"CAL"输出端，这时测试线上黑夹子悬空（因"CAL"信号的"地"已与示波器内部"地"接在一起），从示波器屏幕上可观察到"CAL"方波信号。

3. 用示波器测量信号的电压大小和周期的基本方法

将被测信号波形在屏幕上显示出来，一般调整波形峰-峰值占显示屏的 1/2 ～ 2/3 高度，X 轴方向显示 1.5 ～ 2 个周期为好。

具体操作步骤如下：

1）调整 Y 轴衰减旋钮（V/DIV（伏/格））。根据被测信号的大约峰-峰值，将"V/DIV"旋钮置于适当的挡级，这类似于测试仪表中的量程选择，不过这里"V/DIV"为屏幕上标尺 Y 轴向每一大格（1cm）所代表的电压值。例如，如果输入正弦波的峰-峰值为 2V，想在屏幕上 Y 轴显示占 4 格，则选用"0.5V/DIV"的挡位。

注意：在输入耦合方式取"DC"挡时，波形的交/直流分量都能显示出来，故还要考虑叠加的直流电压值。

2）为了能观测到波形，Y 轴衰减旋钮（V/DIV）一定要合适。如果 Y 轴衰减挡位相对于波形峰-峰值太小，则在屏幕上显示的波形太大，只能显示波形的一部分，无法看见完整的波形。如果 Y 轴衰减挡位相对于波形峰-峰值太大，则在屏幕上显示的波形趋向于一条直线，无法看见波形变化。

3）调整 X 轴扫描时间旋钮（T/DIV）。根据被测信号大约的周期值，将"T/DIV"旋钮置于适当挡级。"T/DIV"指示为屏幕上标尺 X 轴向每一大格（1cm）所代表的时间值。例如，输入信号的频率为 1kHz，一个周期在屏幕上占 5 格，则选用"0.2ms/DIV"。

4）将"CH1"垂直微调校准旋钮和扫描微调校准旋钮都置于"CAL"校准位置，这样"V/DIV"和"T/DIV"旋钮指示才为标称值，测量结果才会正确。

注意：当旋钮已顺时针旋到底，请不要继续使劲转动该旋钮，否则会拧坏。

4. 练习用示波器测量"CAL"信号

1）选择"CH1"通道输入"CAL"信号，要求 Y 轴耦合方式为"DC"。输入信号前，先要进行 Y 轴校零：将"CH1"输入耦合方式置"GND"位置，调整垂直位移旋钮，使扫描线对准屏幕上某一条水平标尺线，即设定好零电平参考基准线。输入信号幅度的高低就是相对于此基准线即零电平而言的。

注意：校准"GND"位置后不要再随便调整垂直位移，否则零电平产生移动。

然后选择所要的耦合方式，使信号输入，并在屏幕显示"CAL"信号，如图 1-4 所示。为保证测量的精度，一般水平方向显示 1～1.5 个周期。

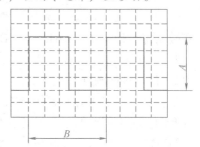

测量信号幅值：U_{p-p}（峰-峰值）＝（V/DIV）×A 格

测量信号周期和频率：T（周期）＝（T/DIV）×B 格，f（频率）＝$1/T$

图 1-4　屏幕显示"CAL"信号

2）将用示波器测量的"CAL"信号的数值记录在表 1-2 中，并将"CAL"波形画在坐标图 1-5 中，耦合方式为"DC"，波形画 1.5 个周期。

3）选择"CH1"通道输入"CAL"信号，但将 Y 轴耦合方式改为"AC"，波形画 1.5 个周期，画在坐标图 1-6 中。

5. 示波器常见操作故障分析

在示波器仍显示"CAL"信号的同时，将示波器面板上的旋钮和按键分别放在不正确的位置上，观察示波器显示中容易出现的问题（每进行完一步，观察后，即恢复原态，再进行下一步）。

1）触发源选择键放置"EXT"，因示波器处于外部触发工作状态，则无扫描显示。

2）触发源选择键放置"CH2"，因示波器"CH2"未输入信号，所以"CH1"显示波形不能稳定。

3）"CH1"输入耦合方式选择键放置"GND"，因示波器内部断开"CH1"输入信号，并且提供一条零电平基线，故仅显示一条扫描直线。

4）"CH1" Y 轴衰减旋钮旋至"50mV/DIV"挡，因选择 Y 轴挡太小，示波器观察不到正确的波形。调整 Y 轴位移上下移动，分别可显示出方波上部或下部的波形。

5）扫描时间旋钮旋至"0.2s/DIV"挡，因选择 X 轴挡太大，扫描速度慢，仅能看到光点在移动，示波器观察不到理想的波形。

从上面的几种情况可知：使用示波器时应注意对输入信号的电压大小及周期做初步估算，将挡位选择合适，才能观察到理想的波形。

6. 双踪显示

1）双踪显示就是在示波器屏幕上同时显示两信号波形。用两条信号线，分别接在"CH1"和"CH2"信号输入插座上，示波器面板上"CH2"的控制旋钮在"CH1"的右侧，位置对应一致，操作方法可参照"CH1"的情况进行。

2）将垂直工作方式选择键放置"DUAL"为双轨迹工作模式，在观察两个波形相位关系、比较相位差时应选择此工作方式。双轨迹工作模式下可通过"ALT/CHOP"键进行两种选择，信号频率 100Hz 以上时，选择"ALT"工作状态。在输入信号频率较低时，选择

"CHOP"工作状态（两信号断续扫描）。

注意：当采用垂直工作方式"DUAL"观察两路信号时，如果触发源交替按键"TRIG. ALT"按下，则所观察的两波形并无相位关系。因此正常情况下，此按键要释放。

"CH1"和"CH2"同时输入"CAL"信号，同时观察这两路信号，注意操作方法。

7. 两信号相加或相减

1）显示两信号相加的波形。将垂直工作方式选择键放置"ADD"，当"CH2 INV"键在释放状态，即实现"CH1"、"CH2"两通道信号相加，其和显示为单踪。

2）显示两信号相减的波形。垂直工作方式同上，并配合按下"CH2 INV"键，这时"CH2"信号极性倒置（反向），可实现两通道信号相减，其差值显示为单踪。

注意：当垂直工作方式选择键放置"DUAL"时，如按下"CH2 INV"键，则"CH2"信号反相，所看到的两个波形的相位关系则错误，应将"CH2 INV"键释放。

"CH1"和"CH2"同时输入"CAL"信号，进行信号的相加和相减操作。

8. 仪器复位

测量完毕后，将"CH1"和"CH2"两个通道的垂直衰减旋钮量程调大，信号线不必拆下，为避免电磁波干扰信号进入，可将测量红黑夹子短接，关闭电源。

1.1.4　实验总结报告分析提示

1. 整理实验数据（包括"CAL"的波形图，表1-2）。总结示波器使用时出现的问题及解决方法，通过实验说明示波器 Y 轴校零的方法和作用。

2. 示波器上的信号测试线（同轴电缆）上黑夹子和红夹子在测试信号时能否互换使用？黑夹子的正确接法？

3. 当用示波器测"CAL"的波形时，说明 Y 轴输入耦合方式选"DC"挡与"AC"挡有什么不同？

提示：在一般电工测量中，当测量交流电压时，可任意互换电极而不影响测量读数，但在电子电路中，由于工作频率和电路阻抗较高，故功率较低。为避免外界干扰信号，多数电子仪器采用单端输入、单端输出的形式，即仪器的两个测量端或输出端总有一端与仪器外壳连接，并与信号测试电缆的外屏蔽线连接在一起接黑夹子，通常这个端点用符号"⊥"表示。应用时，将仪器的"⊥"和被测电路中的"⊥"都连接在一起，才能防止引入干扰，即称为共地。

1.1.5　预习要求

阅读本实验内容，了解示波器的工作原理、性能及面板上常用的各主要旋钮、按键的作用和调节方法。试填写表1-3的选项内容。

姓名：_____ 学号：_____ 班级：_____ 组号：_____ 同组同学：_____

实验原始数据记录

步骤 1：

表 1-2　波形参数

$U_{p\text{-}p}$/V	T/ms	f/Hz

步骤 2：

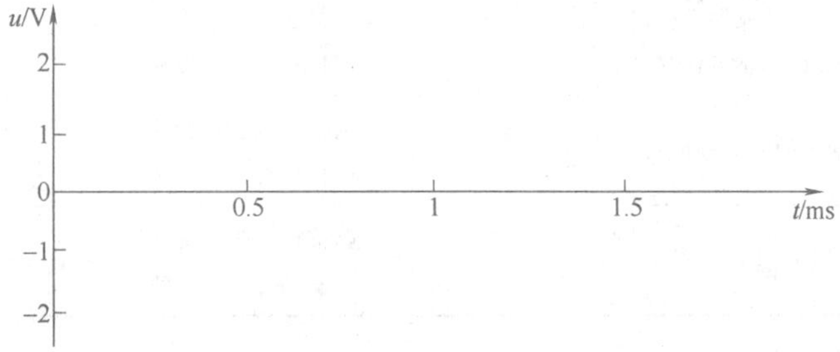

图 1-5　记录"CAL"波形（"DC"耦合）

由"DC"耦合变为"AC"耦合时，观测到的波形变化：

_____

_____。

步骤 3：

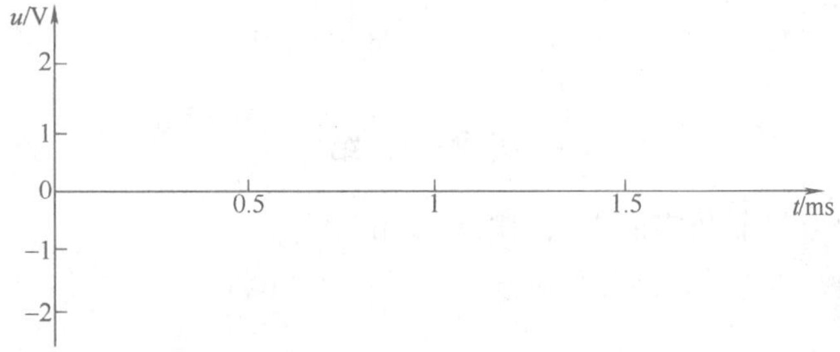

图 1-6　记录"CAL"波形（"AC"耦合）

实验记录：

_____

_____

_____

_____

实 验 预 习

表 1-3　选定示波器正确的操作方法（正确的在方框内画 ✓，错误的在方框内画 ×）

显示情况	操作方法
显示出的波形亮度低	调整聚焦调节旋钮□； 调整辉度调节旋钮□
显示出的波形线条粗	调整聚焦调节旋钮□； 调整辉度调节旋钮□
显示出的波形不稳定 （波形在 X 轴方向移动）	调整触发电平旋钮□； 调整水平位移旋钮□
显示出的波形幅值太小	调整垂直衰减旋钮□； 调整垂直位移旋钮□
显示出的波形 X 轴太密	调整扫描时间旋钮□； 调整垂直衰减旋钮□

填空：当用示波器观测信号，已知信号频率为 1kHz，电压峰-峰值为 1V，则应将 Y 轴衰减选择"＿＿＿＿/DIV"挡，扫描时间选择"＿＿＿＿/DIV"挡。（要求：波形 Y 轴显示占 5 格，X 轴显示一个周期占 5 格）

计算过程：

实 验 总 结

1. 说明示波器 Y 轴校零的方法，以及作用。

2. 示波器上的信号测试线（同轴电缆）上黑夹子和红夹子在测试信号时能否互换使用（在正确的答案后括号内画 ✓）：

1）可以（　　　）；

2）不可以（　　　）。

在用示波器观测波形时，一般情况下黑夹子接被测电路何处（在正确的答案后括号内画 ✓）：

1）接被测信号"地"（　　　）；

2）悬空不接（　　）；

3）接电路任意地方（　　）。

3. 用示波器测"CAL"的波形时，说明 Y 轴输入耦合方式选"DC"挡与"AC"挡观测时，波形有什么不同？为什么不同？

4. 总结示波器使用时出现的问题及解决方法。

5. 本次实验操作总结、实验体会或者建议。

1.2 数字信号发生器的使用

1.2.1 实验目的

1. 了解数字信号发生器的性能及技术指标。

2. 掌握数字信号发生器的正确使用方法。

1.2.2 数字信号发生器的性能及技术指标

1. TFG6940A 函数/任意波形发生器面板图

TFG6940A 函数/任意波形发生器面板如图 1-7 所示。

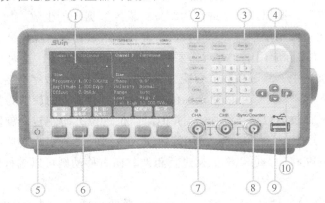

① 显示屏 ② 功能键 ③ 数字键 ④ 调节旋钮 ⑤ 电源按键 ⑥ 菜单软键
⑦ CHA、CHB 输出 ⑧ 同步输出/计数输入 ⑨ U 盘插座 ⑩ 方向键

图 1-7 TFG6940A 数字扫频信号发生器面板图

2. TFG6940A 函数/任意波形发生器性能

（1）仪器特点 该波形发生器在微处理器控制下，采用直接数字合成技术，以晶体振荡器作为系统时钟基准，通过相位累加器和数/模（D/A）转换器产生出数字合成波形；大屏幕彩色液晶显示界面可以显示出波形图和多种工作参数。该波形发生器具有 A、B 两个独立的输出通道，可以输出 5 种标准波形、5 种用户波形和 50 种内置任意波形，可以存储和调出 5 组仪器工作状态参数和 5 个用户任意波形。可以设置精确的方波占空比和锯齿波对称度，可以输出线性或对数频率扫描信号，也可以频率列表扫描信号。

（2）技术指标

1）标准波形：正弦波、方波、锯齿波、脉冲波、噪声波。

2）内置任意波形：指数函数、对数函数、正切函数、高斯函数、伪随机码、心电图波、震动波等 50 种波形。

3）用户定义波形：可编辑存储任意波形 5 个。

4）频率范围：正弦波：$1\mu Hz \sim 40MHz$

方波、脉冲波：$1\mu Hz \sim 10MHz$

其他波形：$1\mu Hz \sim 5MHz$

5）幅度范围：$0.1\mathrm{m}V_{\text{p-p}} \sim 10V_{\text{p-p}}$（$50\Omega$ 负载）

　　　　　　　$0.2\mathrm{m}V_{\text{p-p}} \sim 20V_{\text{p-p}}$（开路）频率$\leqslant 20\mathrm{MHz}$

　　　　　　　$0.1\mathrm{m}V_{\text{p-p}} \sim 7.5V_{\text{p-p}}$（$50\Omega$ 负载）

　　　　　　　$0.2\mathrm{m}V_{\text{p-p}} \sim 15V_{\text{p-p}}$（开路）频率$> 20\mathrm{MHz}$

3. TFG6940A 函数/任意波形发生器使用

（1）显示说明　仪器的显示屏分为四个部分，左上部为 A 通道的输出波形示意图和输出模式、波形和负载设置，右上部为 B 通道的相关内容。显示屏的中部显示频率、幅度、偏移等工作参数，显示屏的下部为操作菜单和数据单位显示。

（2）数据输入

1）键盘输入：如果一项参数被选中，则参数值会变为绿色，使用数字键、小数点键和负号键可以输入数据。在输入过程中如果有错，在按单位键之前，可以按"＜"键退格删除。数据输入完成以后，必须按单位键作为结束，输入数据才能生效。如果输入数字后又不想让其生效，可以按单位菜单中的"Cancel"软键，本次数据输入操作即被取消。

2）旋钮调节：在实际应用中，有时需要对信号进行连续调节，这时可以使用数字调节旋钮。当一项参数被选中，除了参数值会变为绿色外，还有一个数字会变为白色，称为光标位。按移位键"＜"或"＞"，可以使光标位左右移动。面板上的旋钮为数字调节旋钮，向右转动旋钮，可使光标位的数字连续加 1，并能向高位进位；向左转动旋钮，可使光标指示位的数字连续减 1，并能向高位借位。使用旋钮输入数据时，数字改变后即刻生效，不用再按单位键。光标位向左移动，可以对数据进行粗调，向右移动则可以进行细调。

（3）基本操作

1）通道选择：按"CHA/CHB"键可以循环选择两个通道，被选中的通道，其通道名称、工作模式、输出波形和负载设置的字符变为绿色显示。使用菜单可以设置该通道的波形和参数，按"Output"键可以循环开通或关闭该通道的输出信号。

2）波形选择：按"Waveform"键，显示出波形菜单，按"第 x 页"软键，可以循环显示出 15 页 60 种波形。按菜单软键选中一种波形，波形名称会随之改变，在"连续"模式下，可以显示出波形示意图。按"返回"软键，恢复到当前菜单。

3）占空比设置：如果选择了方波，要将方波占空比设置为 20%，可按下列步骤操作：

● 按"占空比"软键，占空比参数"Duty Cyc"变为绿色显示。

● 按数字键"2""0"输入参数值，按"%"软键，绿色参数显示为 20%。

4）频率设置：如果要将频率设置为 2.5kHz，可按下列步骤操作：

● 按"频率/周期"软键，频率参数变为绿色显示。

● 按数字键"2""·""5"输入参数值，按"kHz"软键，绿色参数显示为 2.500 000kHz。

5）幅度设置：如果要将幅度设置为 1.6Vrms，可按下列步骤操作：

● 按"幅度/高电平"软键，幅度参数变为绿色显示。

● 按数字键"1""·""6"输入参数值，按"Vrms"软键，绿色参数显示为 1.600 0Vrms。

6）偏移设置：如果要将直流偏移设置为 -25mVdc，可按下列步骤操作：

● 按"偏移/低电平"软键，偏移参数变为绿色显示。

- 按数字键"−""2""5"输入参数值,按"mVdc"软键,绿色参数显示为 −25.0mVdc。

注意 1:波形发生器输出端严禁短路!否则会损坏波形发生器。

注意 2:如果示波器和波形发生器用红夹子和黑夹子测试线直接相连,应该保证红接红、黑接黑。因为对波形发生器来说,黑夹子也是它内部的地线,而一般波形发生器的地、示波器的地都是与仪器外壳、屏蔽层及大地相连的,即示波器和波形发生器的黑夹子都是连在一起的。因此如果将波形发生器的红夹子接示波器的黑夹子,实际上会造成波形发生器输出端的短路,这会损坏信号发生器,是严格禁止的。

1.2.3　实验内容和步骤

1. 信号发生器输出正弦波信号（其有效值 $U = 10\text{mV}$;频率 $f = 1\text{kHz}$;偏移 0V）

用示波器测量验证信号发生器输出正弦波信号,将测量数据填入表 1-4 中。波形画在坐标图 1-9 中。要求波形画 1.5 个周期。

弄清正弦信号 $U_{\text{p-p}}$（峰-峰值）、U_{m}（峰值）和 U（有效值）之间的关系:

$$U_{\text{m}} = \frac{U_{\text{p-p}}}{2}, \quad U = \frac{U_{\text{m}}}{\sqrt{2}}$$

2. 信号发生器输出方波信号（其电压峰-峰值 $U_{\text{p-p}} = 2\text{V}$;频率 $f = 500\text{Hz}$,25% 占空比,偏移 0V）

当示波器 Y 轴耦合方式分别选择"AC"和"DC"挡,观测方波信号显示有什么不同?记录:耦合方式不同时,_____。

将其中一种耦合方式下的波形画在坐标图图 1-10 中,标清是何种耦合方式。

3. 学习使用信号发生器频率扫描功能

设定:输出正弦波幅值 1V,扫描起始频率为 50Hz,终点频率 2kHz,扫描时间 3s,用示波器观看波形（不记录）。

4. 观察信号的相位差

按照图 1-8 接线,信号发生器输出信号 u_i 为正弦波,$U_i = 1\text{V}$,$f = $ 1kHz。观测 u_i 和 u_o 的相位差,将测量数据填入表 1-5 中。

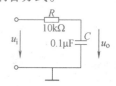

图 1-8　相位差接线图

1.2.4　实验总结报告分析提示

1. 整理实验数据。
2. 波形发生器测试线上的红夹子能与示波器的黑夹子相接吗?

1.2.5　预习要求

阅读本实验内容,了解数字波形发生器的性能、技术指标及操作方法。

实验原始数据记录

步骤 1：

表 1-4 波形参数

U_{p-p}（峰-峰值）/V	U_m（峰值）/V	U（有效值）/V

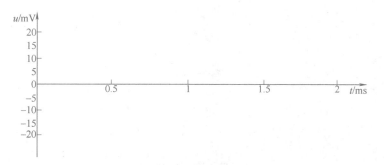

图 1-9 画正弦信号波形图

步骤 2：

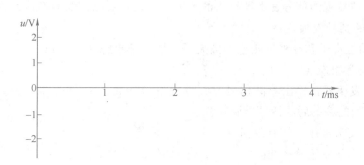

图 1-10 画方波信号波形图

当示波器 Y 轴耦合方式分别选择"AC"和"DC"挡，观测方波信号显示有什么不同。记录：耦合方式不同时，_____。

步骤 3：

表 1-5 相位差测量

相位差所占水平距离/cm	一个周期水平距离/cm	相位差/（°）	相位差理论值/（°）

实验记录：

_____

_____

_____

_____

_____

实 验 总 结

1. 用示波器观测信号发生器输出的波形时，两仪器测试线的连接方式如下（在正确的答案后的括号内画✓）：

1）必须红夹子和红夹子相连，黑夹子和黑夹子相连（　　）；

2）可任意相连（　　）。

2. 信号发生器在输出不同信号时，设置波形参数 Amplitude 时，rms 标识是什么含义（在正确的答案后的括号内画✓）：

1）正弦交流电压：①有效值（　　）；②峰值（　　）。

2）方波电压：①峰-峰值（　　）；②峰值（　　）。

3. 本次实验操作总结、实验体会或者建议。

1.3　数字交流毫伏表的使用

1.3.1　实验目的

1. 了解数字交流毫伏表的功能及技术指标。

2. 掌握数字交流毫伏表的正确使用方法。

1.3.2　YB2173B 双路数字交流毫伏表功能及技术指标

1. 数字交流毫伏表面板图

YB2173B 双路数字交流毫伏表面板如图 1-11 所示，可实现对正弦波信号电压有效值的测量，但它不能测出信号中的直流分量。

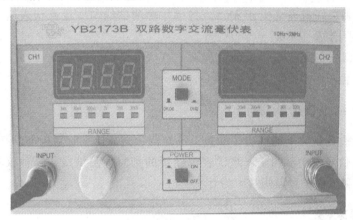

图 1-11　YB2173B 双路数字交流毫伏表

2. 仪器特点

YB2173B 双路数字交流毫伏表采用先进数码开关，使其无错位和打滑之忧，每挡都具有超量程自动闪烁功能。具有双通道、双数显、双量程、同步/异步操作功能，是高灵敏度、宽频带、高输入阻抗的交流电压测量仪表。

3. 技术指标

测量电压有效值范围：$30\mu V \sim 300V$，分 6 个量程：3mV、30mV、300mV、3V、30V、300V。

测量电压频率范围：$10Hz \sim 2MHz$ 的交流正弦波。

电压的固有误差：$0.5\% \pm 2$ 个字（以 1kHz 为基准）。

1.3.3　使用方法

由于是手动设置量程，因此测量前先估计被测电压的大小，选择"测量范围"在适当的挡位（应略大于被测电压）。若不知被测电压的范围，一般应先将量程开关置于最大挡，再根据被测电压的大小逐步将开关调整到合适量程位置。交流毫伏表当超出量程时，量程指示灯会闪烁，提醒操作者应立即将量程调到大挡位，否则会损坏仪表。

交流毫伏表测量显示的值为正弦波有效值，故用该表测量时要先用示波器观察波形是否失真，否则其读数无意义；该表无法测出信号中的直流分量。

使用时，测试线上夹子接在被测信号两端，但交流毫伏表与被测线路必须"共地"。即黑夹子必须接被测信号的"地"端，红夹子接被测信号端。然后打开电压开关，读取测量数据。

交流毫伏表在小量程挡（小于3V）时，打开电源开关后，输入端如果开路，则外界电磁波干扰电压会从输入端进入交流毫伏表内，造成超量程。

使用完毕，仪表复位时，应将量程开关放在300V挡，测试线红黑两夹子短接，防止外界干扰电压输入。

1.3.4　实验内容

调整信号发生器的输出交流信号 u_i，使 $U_i = 10\text{mV}$；频率为 1kHz，用示波器观察波形不失真。交流毫伏表选好量程（大于3V），将信号源测试线与交流毫伏表测试线夹子对应接好，再将量程选择合适（30mV）。

测量完毕后，先将交流毫伏表的量程调大（大于3V），避免电磁波干扰信号进入。再拆开信号线的测量夹子，关闭电源开关。

1.3.5　实验总结报告分析提示

1. 交流毫伏表测试线上的红夹子和黑夹子在测量交流信号时是否可以互换？

2. 示波器、信号发生器和交流毫伏表都使用的是同种测试线，哪种仪器的测试线在单独使用时红夹子和黑夹子可以短接？为什么？

1.3.6　预习要求

阅读本实验内容，了解双路数字交流毫伏表功能及技术指标。当测量信号发生器的输出交流信号 $U_i = 10\text{mV}$；频率为 1kHz 时，试填写表 1-6。

✂ 姓名：_____ 学号：_____ 班级：_____ 组号：_____ 同组同学：_____

实验原始数据记录

步骤1：

调整信号发生器的输出交流信号 u_i，使 $U_i = 10\text{mV}$，频率为 1kHz，用示波器观察波形不失真，用交流毫伏表测量此信号的有效值。

测量值：_____。

实验记录：

_____

_____

_____

_____

_____

实 验 预 习

表 1-6　当测量正弦信号 $U_i = 10\text{mV}$ 时，选定双路数字交流毫伏表正确使用方法

（正确的方法在方框内画 ✓）

项　目	位　置　设　置
量程的选择	300V□； 30mV□
电压表头显示的电压值	交流有效值□； 峰值□
信号超过量程会出现什么现象？	量程指示灯会闪烁□； 无指示反映□
能否测出信号中的直流量？	能□； 不能□

实 验 总 结

1. 数字交流毫伏表测试线上的红夹子和黑夹子在测量交流信号时是否可以互换（在正确的答案后的括号内画✓）：

1）可以（　　）；

2）不可以（　　）。

2. 示波器、信号发生器和交流毫伏表都使用的是同种测试线，哪种仪器的测试线在使用时红夹子和黑夹子可以短接而不会损坏仪器（在正确的答案后的括号内画✓）：

1）示波器（　　）；

2）信号发生器（　　）；

3）交流毫伏表（　　）。

为什么这些仪器的红夹子和黑夹子可以短接？

3. 本次实验操作总结、实验体会或者建议。

1.4　万用表的使用

1.4.1　实验目的

1. 掌握万用表的正确使用方法。

2. 了解二极管及晶体管的特性。

1.4.2　仪器介绍

实验室常用的万用表有指针式和数字式两种，如图 1-12 和图 1-13 所示。

图 1-12　指针万用表

图 1-13　数字万用表

1. 指针万用表

图 1-12 所示的指针万用表可以测量交流与直流电压、直流电流、电阻、晶体管放大倍数（h_{FE}）及电路通断等。它的测量精度较低，测量交流电压仅适用于 50Hz 左右的工频电压。

万用表不使用时，放在"OFF"挡。

2. 数字万用表

图 1-13 所示的 DT9208A 型数字万用表，是液晶显示 3.5 位数字万用表。可用来测量交直流电压、交直流电流、电阻、电容、温度、频率、逻辑电平、二极管正向压降、晶体管放大倍数（h_{FE}）及电路通/断等。

此万用表具有自动关机功能，开机后如不进行测量工作，则 15min 后自动关机，以防万用表使用完后忘关电源。当电池电量不足时，屏幕的左上角会显示电池符号。

注意：当电池电量不足时，将不能保证测量精度；为了节约用电，要养成随手关断电源的习惯。

该数字万用表的测量精度比指针万用表高。测量交流电压时，它的频率范围一般不超过 $400 \sim 500\,\mathrm{Hz}$（也有较高级的万用表频率范围可达 $1\,\mathrm{kHz}$），比指针万用表宽但比交流毫伏表窄，且精度没有交流毫伏表高。

表不使用时放在交流电压最大量程挡。

1.4.3　实验内容

1. 学习测量电阻、直流电压

1）分别用两种万用表测量共射极放大电路当中的 R_{b1} 电阻，将它调到约 $40\,\mathrm{k\Omega}$。

注意：如果使用指针万用表测量电阻时，万用表需要先调零。

数字表测 R_{b1}：_____　　　模拟表测 R_{b1}：_____

2）分别用数字万用表测量实验箱提供的直流电源 $+12\mathrm{V}$ 和 $-12\mathrm{V}$。

注意：负电压的测量方法。

直流电源 $+12\mathrm{V}$：_____　　直流电源 $-12\mathrm{V}$：_____

2. 学习测量导线的好坏

选择数字万用表或指针万用表电阻挡，标有发声的挡 "•))"，测量导线时，万用表内部发出声音，导线是好的；否则导线不通。

3. 认识二极管

1）判断二极管的好坏：使用的方法是检查管子的 PN 结是否被击穿，管子的 PN 结应是正向导通、反向截止。

选择数字万用表二极管测量挡 "▶⊢"，测量操作如下：

① 红表笔测 P 极，黑表笔测 N 极，记录数值 $U_{\mathrm{PN}} = $ _____；

② 红表笔测 N 极，黑表笔测 P 极，记录数值 $U_{\mathrm{NP}} = $ _____；

判断此二极管的好坏（选择者画✓）：好_____；坏_____。

2）二极管单向导通特性研究：按照图 1-14 接线，信号发生器输出信号 u_{i} 为正弦波，$U_{\mathrm{i}} = 1\mathrm{V}$，$f = 1\,\mathrm{kHz}$。观测 u_{i} 和 u_{o} 的波形，并将测量的波形记录在图 1-16 中。

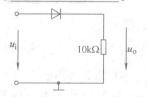

图 1-14　二极管单向导电

4. 学习测量晶体管的好坏

判断晶体管的好坏，使用的方法是检查管子的 PN 结是否被击穿。选择数字万用表二极管测量挡 "▶⊢"，管子的 PN 结应是正向导通、反向截止。NPN 型晶体管的引脚如图 1-15 所示。

5. 学习判断三极管的引脚

用数字万用表的 "▶⊢" 挡和 "h_{FE}" 挡，可以判断晶体管的引脚。

1）判断晶体管是 NPN 型还是 PNP 型，同时确定 B 极。

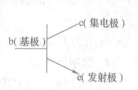

图 1-15　NPN 型晶体管

假设某引脚为 B，红表笔接 B，黑表笔接另外两脚。如果均导通，则为 NPN 型。

假设某引脚为 B，黑表笔接 B，红表笔接另外两脚。如果均导通，则为 PNP 型。

2）已知 B，确定 C 和 E 极。假设 C 和 E 引脚，测 h_{FE}；交换 C 和 E 引脚，再测 h_{FE}。当 h_{FE} 为最大时，以此时的晶体管引脚排布为准。

✄ 姓名：_____学号：_____班级：_____组号：_____同组同学：_____

实验原始数据记录

步骤1：

1）分别用两种万用表测量单管放大电路当中的 R_{b1} 电阻，将它调到约 40kΩ。

数字表测 R_{b1}：_____模拟表测 R_{b1}：_____

2）分别用数字万用表测量实验箱提供的直流电源 +12V 和 −12V。

直流电源 +12V：_____直流电源 −12V：_____

步骤2：

二极管测量操作如下：

1）红表笔测 P 极，黑表笔测 N 极，记录数值 $U_{PN}=$_____。

2）红表笔测 N 极，黑表笔测 P 极，记录表的显示_____。

判断此二极管的好坏（选择者画 ✓）：好 _____；坏 _____。

步骤3：

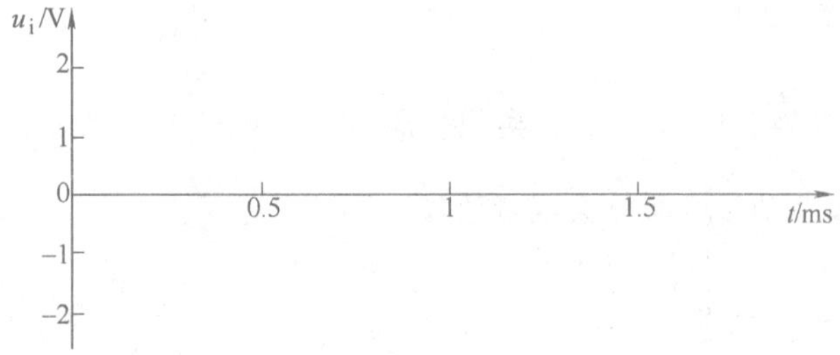

a)

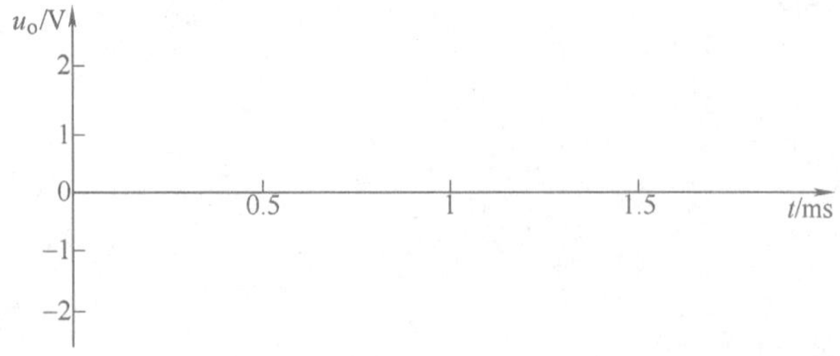

b)

图 1-16 u_i 及 u_o 的波形

步骤4：

晶体管测量操作如下：

1）红表笔测基极；黑表笔分别测集电极和发射极，记录数值 $U_{bc}=$_____；

$U_{be}=$_____。

2）黑表笔测基极；红表笔分别测集电极和发射极，记录表的显示_____。

判断此晶体管的好坏（选择者画 ✓）：好＿＿＿＿＿＿；坏＿＿＿＿＿＿。

步骤 5：

所测的 h_{FE} ＝ ＿＿＿＿＿＿＿＿＿。

在图 1-17（将引脚对着自己时）上标出引脚。

图 1-17　晶体管引脚

实验记录：

＿＿＿＿＿＿＿＿＿＿＿＿＿＿＿＿＿＿＿＿＿＿＿＿＿＿＿＿＿＿＿＿＿

＿＿＿＿＿＿＿＿＿＿＿＿＿＿＿＿＿＿＿＿＿＿＿＿＿＿＿＿＿＿＿＿＿

＿＿＿＿＿＿＿＿＿＿＿＿＿＿＿＿＿＿＿＿＿＿＿＿＿＿＿＿＿＿＿＿＿

＿＿＿＿＿＿＿＿＿＿＿＿＿＿＿＿＿＿＿＿＿＿＿＿＿＿＿＿＿＿＿＿＿

＿＿＿＿＿＿＿＿＿＿＿＿＿＿＿＿＿＿＿＿＿＿＿＿＿＿＿＿＿＿＿＿＿

实　验　总　结

本次实验操作总结、实验体会或者建议。

第2章 模拟电子技术实验

2.1 晶体管共射极单管放大电路

2.1.1 实验目的

1. 学习如何设置放大电路静态工作点及其调试方法。

2. 研究静态工作点对动态性能的影响。

3. 掌握信号发生器、交流毫伏表、示波器等常用电子仪器的正确使用方法。

2.1.2 原理说明

在实践中，放大电路的用途是非常广泛的，放大的对象均为变化量，放大的本质是能量的控制和转换，单管放大电路是最基本的放大电路。稳定静态工作点的共射极单管放大电路是电流负反馈工作点稳定电路，它的放大能力可达到几十到几百倍，频率响应范围为几十赫兹到上千赫兹。不论是单级放大器还是多级放大器，它们的基本任务是相同的，就是对信号给予不失真的、稳定的放大，即只有在不失真的情况下放大才有意义。

1. 放大电路静态工作点的选择

当放大电路仅提供直流电源、不提供输入信号时，称为静态工作情况，这时晶体管的各电极的直流电压和电流的数值（晶体管的基极电流 I_B、集电极电流 I_C、b-e 间电压 U_{BE}、管压降 U_{CE}），将在管子的特性曲线上确定一点，这点称为放大电路的静态工作点 Q。静态工作点的选取十分重要，它影响放大器的放大倍数、波形失真及工作稳定性等。

静态工作点如果选择不当，会产生饱和失真或截止失真。如果静态工作点偏高，放大电路在加入交流信号以后易产生饱和失真；如果静态工作点偏低则易产生截止失真。这些情况都不符合不失真放大的要求。一般情况下，调整静态工作点，就是调整电路有关电阻（图 2-2 中的电阻 R_{B1}），使 U_{CEQ} 达到合适的值。

2. 放大电路的基本性能

当放大电路静态工作点调好后，输入交流信号 u_i，这时电路处于动态工作情况，放大电路的基本性能主要是动态参数，包括电压放大倍数 A_u、输入电阻 R_i、输出电阻 R_o、频率响应。这些参数必须在输出信号不失真的情况下才有意义。交流放大电路实验原理如图 2-1 所示。

（1）电压放大倍数 A_u 的测量　用交流毫伏表测量图 2-1 中 U_i 和 U_o 的值。即：

$$A_u = U_o / U_i \tag{2-1}$$

（2）输入电阻 R_i 的测量　如图 2-1 所示，放大器的输入电阻 R_i 就是从放大器输入端看进去的等效电阻。即 $R_i = U_i / I_i$。

测量 R_i 的方法：在放大器的输入回路中串联一个已知电阻 R，选用 $R \approx R_i$（R_i 为理论估算值）。在放大器输入端加正弦信号电压 u_i'，用示波器观察放大器输出电压 u_o，在 u_o 不

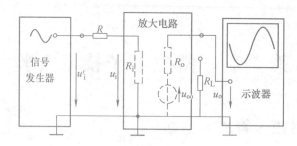

图 2-1　交流放大电路实验原理图

失真的情况下，用交流毫伏表测量电阻 R 两端对地电压 U_i' 和 U_i（图 2-1），则有

$$R_i = \frac{U_i}{I_i} = \frac{U_i}{U_i' - U_i} R \tag{2-2}$$

（3）输出电阻 R_o 的测量　如图 2-1 所示，放大电路的输出电阻是从输出端向放大电路方向看进去的等效电阻，用 R_o 表示。

测量 R_o 的方法是在放大器的输入端加信号电压，在输出电压 u_o 不失真的情况下，用交流毫伏表分别测量空载时（$R_L = \infty$，即图 2-2 中 3、4 两点不连线）时放大器的输出电压 U_{oo} 值和带负载（$R_L = 5.1k\Omega$，即图 2-2 中 3、4 两点连线）时放大器的输出电压 U_{oL} 值，则输出电阻：

$$R_o = \frac{U_{oo} - U_{oL}}{I_o} = \frac{U_{oo} - U_{oL}}{U_{oL}} R_L \tag{2-3}$$

（4）频率响应的测量　放大器的频率响应所指的是，在输入信号不变的情况下，输出随频率连续变化的稳态响应，即对不同频率时放大倍数的测量。测试方法有逐点测量法和扫频法两种。

3. 实验设备

信号发生器、数字交流毫伏表、万用表、示波器、模拟电路实验箱。

2.1.3　实验内容

1. 调整静态工作点

1）按共射极单管放大电路图 2-2 接线，仅接直流电源 + 12V，不接信号发生器。

2）调节电位器 RP，使 $R_{B1} = 40 \sim 50k\Omega$，然后按表 2-1 内容测量静态工作点，将所测数据与理论估算值比较。

注意：

①　测量 RP 的值时，应断开电源，并将与之并联的电路断开。

②　在测量 I_{BQ} 时应将晶体管的基极断开，将万用表量程拨在 $50\mu A$（DC）挡，串联在电路中测量。当测量完 I_{BQ} 后应将晶体管基极断开的电路按原电路连接。

③　测量 I_{CQ} 时将 R_C 断开，将万用表量程拨在 $5mA$（DC）挡，串联在电路中测量，测量结束后恢复原电路。

2. 测量放大器交流参数

1）按图 2-2 接线，保持前面的静态工作点不变，信号发生器输出信号接放大器的输入端 u_i'（$U_i' = 10mV$，$f = 1kHz$）。用示波器始终观察 u_i 和 u_o 的波形。

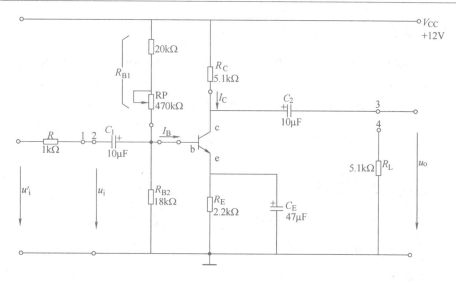

图 2-2　共射极单管放大电路

2）用数字交流毫伏表分别测量 U_i'、U_i、U_o 的值，数据填入表 2-2 中（注意波形相位相反时数据加负号），并根据公式计算电压放大倍数 A_u，输入电阻 R_i 和输出电阻 R_o。

注意：测量交流电压时一定要用交流毫伏表，严禁使用数字万用表。

3）测量频率响应：保持前面的静态工作点不变，接负载电阻 R_L 保持输入信号幅值固定（$U_i' = 10\text{mV}$），调节信号源频率，采用逐点测量法，测试时示波器始终观察 u_o 的波形不产生失真。用交流毫伏表将测量值填入表 2-3 中，最后测出上、下截止频率 f_H 和 f_L 的值。再用频率扫描观看总体变化趋势。将频率响应曲线图画在坐标图 2-3 中。

3. 观察静态工作点对动态性能的影响

1）按图 2-2 接线，适当加大输入信号，使 $U_i' = 15\text{mV}$，$f = 1\text{kHz}$，断开 R_L，改变静态工作点，即调整 RP 的值。

2）将 RP 的值逐渐调小，用示波器观察 u_o 的波形变化，直至 u_o 的负半周出现失真（饱和失真）。

3）然后将 RP 的值逐渐调大，用示波器观察 u_o 的波形变化，可以看到 u_o 幅值逐渐减小（当 $R_{RP} \uparrow$，$I_E \downarrow$，$r_{be} \uparrow$，$A_u \downarrow$），并有非线性失真（波形正、负半周不完全对称，这是晶体管的输入特性的非线性所致，不可调）。当在示波器上观察到 u_o 幅值减小到 20mV 左右时，u_o 的正半周出现明显的失真为止（截止失真）。

4）将饱和失真和截止失真的波形图分别画在坐标图 2-4 和图 2-5 中。

2.1.4　实验总结报告分析提示

1. 整理实验数据（包括静态工作点、电压放大倍数 A_u、输入电阻 R_i、输出电阻 R_o、波形图）。

2. 通过实验，说明放大器静态工作点设置的不同对放大器工作有何影响？

3. 用实验结果说明放大器负载 R_L 对放大器的放大倍数 A_u 的影响。

4. 思考题：当 u_o 波形失真时，用数字交流毫伏表测量的电压值 U_o 是否有意义？

2.1.5　预习要求

1. 设 $R_{B1} = 40\text{k}\Omega$，$\beta = 50$，$U_{BE} = 0.7\text{V}$，估算图 2-2 静态理论值，并将数据填入表 2-1 中。

2. 估算图 2-2 电压放大倍数 A_u（空载情况和有负载情况），填入表 2-2 中。

$$A_u = \frac{u_o}{u_i} = -\beta \frac{R_L'}{r_{be}} \tag{2-4}$$

式中，$R_L' = R_L /\!/ R_C$。

利用估算的静态值计算 r_{be}，即

$$r_{be} = 300\Omega + (1 + \beta) \frac{26\text{mV}}{I_E \text{mA}} \tag{2-5}$$

3. 阅读完本实验内容后，填写表 2-4。

2.1.6　注意事项

1. 实验中，为了安全和不损坏元器件，应先接线后通电。信号发生器的输出电压在接入电路前先由仪器自身的表头粗调好，关机后再接入线路板中。接通电后，用交流毫伏表精调一下信号发生器的输出电压。拆线前，要先关电源后拆线。

2. 为了避免干扰，放大器与各电子仪器、仪表的连接应当"共地"，即将示波器、信号源、直流电源、交流毫伏表的"地"端都连接在一起，如图 2-1 所示。所有信号线采用同轴电缆，黑夹子只能接"⊥"上。

3. 不允许直流电源和信号发生器输出端短路。最容易犯的错误是将电源打开时，输出端接两根悬空的导线，这就容易造成电源短路。

4. 正确选用仪表，频率在 1kHz 以上的交流信号或幅值较小交流信号要用交流毫伏表测量，而不能用普通指针万用表和数字万用表测量（因万用表测试频带宽度窄，所以在模拟实验中不适用）。交流毫伏表测量显示的值为正弦波有效值，故用该表测量其有效值电压时，要先用示波器观察波形是否失真，否则测量数据无意义。

✂ 姓名：_____ 学号：_____ 班级：_____ 组号：_____ 同组同学：_____

实验原始数据记录

步骤 1:

表 2-1　放大器静态工作点

项目 ＼ 参数	U_B/V	U_{BE}/V	U_{CE}/V	$R_{B1}/k\Omega$	$I_B/\mu A$	I_C/mA	$\beta\ (I_C/I_B)$
理论值		0.7		40			50
实测值							

计算过程：

步骤 2:

表 2-2　测量放大器的交流参数

工作条件 ＼ 项目	实测值			计算值			
	U_i'/mV	U_i/mV	U_o/V		A_u	$R_i/k\Omega$	$R_o/k\Omega$
空载 $R_L \to \infty$			$U_{oo} =$	理论			
				实测			
接负载 $R_L = 5.1k\Omega$			$U_{oL} =$	理论			
				实测			

计算过程：

步骤 3:

表 2-3　放大器频率响应（逐点测量法）

f/Hz	20	30	50	100	200	500	1000	5000	8000
U_o/V									
f/kHz	20	40	60	80	100	150	200	250	300
U_o/V									

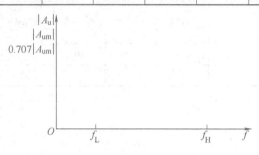

图 2-3　画频率响应曲线

步骤 4：

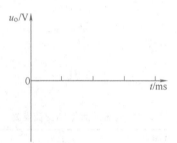

图 2-4　画饱和失真波形

步骤 5：

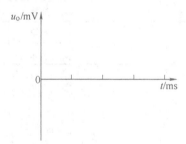

图 2-5　画截止失真波形

实验记录：

_____

_____

_____

_____

实验预习

表 2-4　选定仪表正确使用的方法（正确的在方框内画 √，错误的在方框内画 ×）

项　目	操作步骤
测电阻	先选择合适的量程，将指针万用表测试笔输入端短接起来，调节调零旋钮，使指针调在电阻表盘零位置□； 指针万用表和数字万用表都要断开测量电路的电源□； 断开其并联回路测电阻□
测电流	将指针万用表串联到电路中□； 测 I_B 用 μA 挡□； 测 I_C 用 mA 挡□； 不用断开其测量两点间原来相连的导线□
电压表选择	测量静态工作点使用：万用表□，交流毫伏表□； 测量交流参数 u_i、u_o 使用：万用表□，交流毫伏表□
示波器观测两波形的相位差	示波器垂直工作方式分别选 "CH1"、"CH2" 通道单独进行观察□； 示波器垂直工作方式选用 "DUAL"，同时观测两信号□
实验结束仪器复位	先关所有仪器电源开关，再拆线□； 交流毫伏表的测量夹子夹在一起□； 交流毫伏表放在 30mV 挡□； 交流毫伏表放在 300V 挡□； 万用表放在电阻挡□； 万用表放在交流最大挡或 "OFF" 挡□

实验总结

1. 通过实验，说明放大器静态工作点设置的不同对放大器工作有何影响。

2. 根据表 2-2 的实验结果，说明放大器负载 R_L 减小时，放大器的放大倍数 A_u 如何变化。

3. 思考题：当 u_o 波形失真时，用数字交流毫伏表测量 U_o 的电压值是否有意义？ ✄

4. 本次实验操作总结、实验体会或建议。

2.2 射极跟随器的电路特点

2.2.1 实验目的

1. 掌握射极跟随器的特性及测试方法。
2. 进一步学习放大器各项参数的测试方法。

2.2.2 原理说明

射极跟随器的原理图如图 2-6 所示。它是一个电压串联负反馈放大电路，是共集电极放大电路，具有输入电阻高、输出电阻低、电压放大倍数接近 1、输出电压能够在较大范围内跟随输入电压作线性变化，以及输入/输出信号同相等特点。

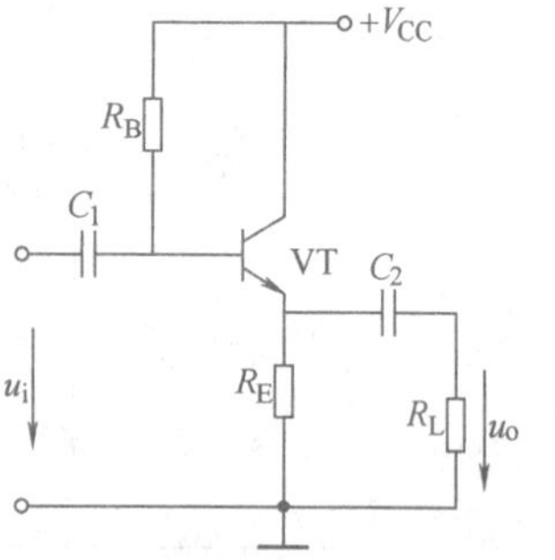

由于输出电压由发射极获得，故又称射极输出器。

1. 电压放大倍数 A_u

电压放大倍数为

$$A_u = \frac{(1+\beta)(R_E \mathbin{/\mkern-5mu/} R_L)}{r_{be} + (1+\beta)(R_E \mathbin{/\mkern-5mu/} R_L)} \leqslant 1 \qquad (2\text{-}6)$$

图 2-6 射极跟随器原理图

式（2-6）说明射极跟随器的电压放大倍数 $A_u \leqslant 1$，且为正值，这是深度电压负反馈的结果。但它的射极电流仍比基极电流大 $1+\beta$ 倍，所以它具有一定的电流和功率放大作用。

2. 输入电阻 R_i

输入电阻为

$$R_i = R_B \mathbin{/\mkern-5mu/} \left[r_{be} + (1+\beta)(R_E \mathbin{/\mkern-5mu/} R_L) \right] \qquad (2\text{-}7)$$

由式（2-7）可知射极跟随器的输入电阻 R_i 比共射极单管放大器的输入电阻 $R_i' = R_B \mathbin{/\mkern-5mu/} r_{be}$ 要高得多，但由于偏置电阻 R_B 的分流作用，输入电阻难以进一步提高。

输入电阻 R_i 的测量方法同单管放大器，实验线路如图 2-7 所示。输入电阻为

$$R_i = \frac{U_i}{I_i} = \frac{U_i}{U_i' - U_i} R \qquad (2\text{-}8)$$

3. 输出电阻 R_o

如考虑信号源内阻 R_S，则

$$R_o \approx \frac{r_{be} + R_B \mathbin{/\mkern-5mu/} R_S}{1+\beta} \qquad (2\text{-}9)$$

由式（2-9）可知射极跟随器的输出电阻 R_o 比共射极单管放大器的输出电阻 $R_o' \approx R_C$ 低得多。晶体管的 β 越高，输出电阻越小。

输出电阻 R_o 的测量方法也同单管放大器，即先测出空载输出电压 U_{oo}，再测出接入负载 R_L 后的输出电压 U_{oL}，根据

$$R_o = \frac{U_{oo} - U_{oL}}{I_o} = \frac{U_{oo} - U_{oL}}{U_{oL}} R_L \qquad (2\text{-}10)$$

即可求出 R_o。

4. 实验设备

+12V 直流电源、数字扫频信号发生器、双踪示波器、交流毫伏表、万用表。

2.2.3 实验内容

按图 2-7 所示连接电路。

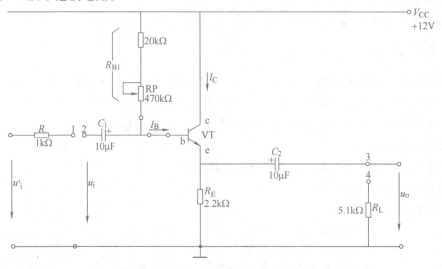

图 2-7　射极跟随器电路图

1. 静态工作点的调整

1）按射极跟随器实验电路图 2-7 接线。仅接 +12V 直流电源，不接信号发生器。

2）调节电位器 RP，使 $R_{B1}=40\sim50\text{k}\Omega$，然后按表 2-5 内容测量静态工作点，将所测数据与理论估算值比较。

在下面整个测试过程中应保持 RP 值不变（即保持静态工作点不变）。

2. 测量放大器交流参数

按图 2-7 接线，将输入端 1、2 两点连线。保持前面的静态工作点不变，信号发生器输出信号接放大器的输入端，加 $f=1\text{kHz}$ 的正弦信号 u_i'。调节输入信号幅度，用示波器始终观察 u_i 和 u_o 的波形。在输出 u_o 的波形最大不失真情况下，用交流毫伏表测量 U_i'、U_i、U_o 的值，数据填入表 2-6 中，并根据公式计算电压放大倍数 A_u，输入电阻 R_i 和输出电阻 R_o。

3. 测量跟随特性

接入负载 $R_L=1\text{k}\Omega$，在输入端加 $f=1\text{kHz}$ 正弦信号 u_i'，逐渐增大信号 u_i' 幅度，用示波器监视输出波形，并测量和记录对应的 U_o 值，直至输出波形达最大不失真，填入表 2-7 中。

4. 测量频率响应特性

保持输入信号 u_i' 幅度不变，改变信号源频率，用示波器监视输出波形，用交流毫伏表测量不同频率下的输出电压 U_o 的值，填入表 2-8 中。

2.2.4 实验总结报告分析提示

1）根据表 2-7 中实验数据，在图 2-8 中画出曲线 $U_o=f(U_i)$。

2）分析射极跟随器的性能和特点。

2.2.5　预习要求

1）复习射极跟随器的工作原理。

2）设 $R_{B1} = 50\text{k}\Omega$，$\beta = 50$，$U_{BE} = 0.7\text{V}$，估算图 2-7 静态理论值，并将数值填入表 2-5 中。

3）根据式（2-6）估算图 2-7 的电压放大倍数 A_u（空载情况和有负载情况），填入表 2-6 中。

利用估算的静态值计算 r_{be}，即

$$r_{be} = 300\Omega + (1 + \beta)\frac{26(\text{mV})}{I_E(\text{mA})} \tag{2-11}$$

实验原始数据记录

步骤 1：

表 2-5　放大器静态工作点

参数 项目	U_B/V	U_{BE}/V	U_{CE}/V	$R_{B1}/kΩ$	$I_B/μA$	I_C/mA	I_E/mA	$β\,(I_C/I_B)$
理论值		0.7		50				50
实测值								

计算过程：

步骤 2：

表 2-6　测量放大器的交流参数

项目 工作条件	实测值			计算值			
	U_i'/mV	U_i/mV	U_o/V	A_u		$R_i/kΩ$	$R_o/kΩ$
空载 $R_L→∞$				理论			
				实测			
接负载 $R_L=5.1kΩ$				理论			
				实测			

计算过程：

步骤 3：

表 2-7　测量放大器跟随特性

U_i/V				
U_o/V				

步骤 4：

表 2-8　测量频率响应特性（逐点测量法）

f/Hz				
U_o/V				

实验记录：

实验总结

1. 根据表 2-7 中实验数据，在图 2-8 中画出曲线 $U_o = f(U_i)$。

图 2-8　画曲线 $U_o = f(U_i)$

2. 分析射极跟随器的性能和特点。

3. 本次实验操作总结、实验体会或建议。

2.3　差动放大电路

2.3.1　实验目的

1. 熟悉差动放大电路的结构和性能特点。
2. 掌握差动放大器主要性能指标的测试方法。

2.3.2　原理说明

差动放大电路的主要特点：差动放大电路广泛地应用于模拟集成电路中，它具有很高的共模抑制比。例如，由电源波动、温度变化等外界干扰都会引起工作点的不稳定，它们都可以看作是一种共模信号。差动放大电路能抑制共模信号的放大，对上述现象有良好的适应性，使放大器有较高的稳定性。电路图 2-9 为差动放大电路，它采用直接耦合形式，当电路1、2两点相连时是长尾式差动放大电路；当电路 1、3 两点相连时是恒流源式放大电路。在长尾式差动放大电路中抑制零漂的效果和 R_E 的值有密切关系，因此 R_E 也称共模反馈电阻，R_E 越大，效果越好。但 R_E 越大，维持同样工作电流所需要的负电压 V_{EE} 也越高。这在一般情况下是不合适的，恒流源的引出解决了上述矛盾。在晶体管的输出特性曲线上，有相当一段具有恒流源的特性，用它来替代长尾 R_E，从而更好地抑制共模信号的变化，提高了共模抑制比。

1. 差动放大电路的几种接法

差动放大电路的输入端，有单端和双端两种输入方式；输出方式有单端和双端两种。电路的放大倍数只与输出方式有关，而与输入方式无关。我们做下面两种输入和输出方式的介绍。

（1）单端输入—单端输出　信号电压 u_i 仅由晶体管 VT_1 的 A 端输入，而晶体管 VT_2 的 B 端接 "地"。晶体管 VT_1 单端输出 u_{o1}，取自晶体管 VT_1 的集电极对 "地" 电压，输入信号 u_i 与输出信号 u_{o1} 反相；晶体管 VT_2 单端输出 u_{o2}，取自晶体管 VT_2 的集电极对 "地" 电压，输入信号 u_i 与输出信号 u_{o2} 同相。单端输出的放大倍数是单管放大的 1/2。

（2）单端输入—双端输出　信号电压 u_i 仅由晶体管 VT_1 的 A 端输入，而晶体管 VT_2 的 B 端接 "地"。输出电压为晶体管 VT_1 和晶体管 VT_2 集电极之间的电压。实际测量时分别测出 u_{o1} 和 u_{o2}，再进行计算（$u_o = u_{o1} - u_{o2}$），双端输出的放大倍数和单管放大相同。

2. 共模输入

信号电压 u_i 仅由晶体管 VT_1 的 A 端输入，而晶体管 VT_2 的 B 端与晶体管 VT_1 的 A 端连接在一起，晶体管 VT_2 的 B 端接 "地" 的线必须断开，否则会将信号源短路。A_c 为共模放大倍数，当电路完全对称时，则 $A_c = 0$。共模抑制比 $K_{CMRR} \rightarrow \infty$ 为理想情况，$K_{CMRR} = \left| \dfrac{A_d}{A_c} \right|$。

3. 实验设备

示波器、数字交流毫伏表、信号发生器、万用表、模拟电路实验箱。

2.3.3　实验内容

1. 长尾式差动放大电路

按图 2-9 接线，将电路图中 1、2 两点连接。

（1）静态测试　调零：当输入电压为 0（把 A、B 两个输入端都接"地"）时，由于电路不会完全对称，输出不一定为 0，通过调节调零电位器 RP 可改变晶体管 VT_1 和晶体管 VT_2 的初始工作状态，用万用表测量差放电路双端输出，使双端输出为 0，即 $U_{CQ1} = U_{CQ2}$（U_{CQ1}、U_{CQ2} 分别为晶体管 VT_1 和晶体管 VT_2 集电极对"地"电压）。按表 2-9 要求将测量数据填入表中。

（2）动态测试　输入频率为 1kHz（有效值见对应表中所列值）交流信号 u_i。

1）差模动态测试：用示波器始终观察输入与输出信号，记录输入与输出信号之间的相位关系。分别测量差模动态数据，计算差模放大倍数。将测量数据填入表 2-10 中。

2）共模动态测试：按表 2-11 分别测量共模动态数据，计算共模放大倍数及共模抑制比，记录输入与输出的波形。

2. 恒流源式差动放大电路

按图 2-9 接线，将电路图中 1、2 两点断开，将 1、3 两点连接。

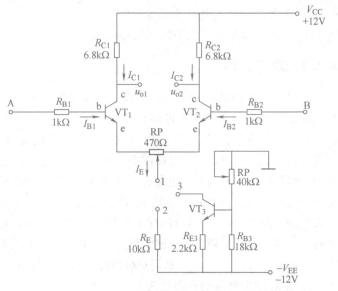

图 2-9　差动放大电路

（1）静态测试　当输入电压为 0（把 A、B 两个输入端都接"地"），由于电路不会完全对称，输出不一定为 0，RP 为调零电位器，通过调节 RP 可改变晶体管 VT_1 和晶体管 VT_2 的初始工作状态，用万用表测量差动放大电路双端输出，使双端输出为 0，即 $U_{CQ1} = U_{CQ2}$（U_{CQ1}、U_{CQ2} 分别为晶体管 VT_1 和晶体管 VT_2 集电极对"地"电压）。将测量的数据填入自制的表（可参考表 2-9）中。

（2）动态测试　输入频率为 1kHz 交流信号 u_i。

1）差模动态测试：用示波器始终观察输入与输出信号，记录输入与输出信号之间的相位关系。分别测量差模动态数据，计算差模放大倍数。将测量数据填入自制的表（可参考表 2-10）中。

2）共模动态测试：用示波器始终观察输入与输出信号，分别测量共模动态数据，计算共模放大倍数。将测量数据填入自制的表（可参考表 2-11）中。

2.3.4　实验总结报告分析提示

1. 为什么电路在工作前需进行调零？

2. 通过实验总结比较两种差动放大电路的主要特点。

3. 将实测数据与理论估算值进行比较，分析产生误差的原因。

4. R_E 值的提高受到什么限制？如何解决这一矛盾？

2.3.5　预习要求

1. 理论计算静态参数：设 RP 的滑动端在中点，晶体管的放大倍数 $\beta = 60$，$U_{BE} = 0.7V$，当输入端 A、B 均接地，将计算出的静态值填入表 2-9 中。

2. 理论计算长尾式差动放大电路在单端输入、双端输出时的电压放大倍数 A_d，将计算的数值填入表 2-10 中。

2.3.6　注意事项

使用仪器设备一定要共"地"，即示波器、数字交流毫伏表、实验电路的"地"连在一起。

实验原始数据记录

步骤 1：

表 2-9 长尾式差放电路静态数据

项目 \ 参数		U_{BQ}/V	U_{EQ}/V	U_{CQ}/V
理论值				
实测值	VT₁			
	VT₂			

计算过程：

步骤 2：

表 2-10 长尾式差放电路动态数据

项目 \ 参数		u_i/mV	u_{o1}/V	u_{o2}/V	A_d	
单端输入	单端输出	100			$A_{d1} = u_{o1}/u_i =$	
					$A_{d2} = u_{o2}/u_i =$	
	双端输出				理论计算	$A_d =$
					测量计算	$A_d = (u_{o1} - u_{o2})/u_i =$

计算过程：

步骤 3：

表 2-11 长尾式差放共模动态数据

项目 \ 参数		u_i/mV	u_{o1}/mV	u_{o2}/mV	A_c		K_{CMRR}
共模输入	单端输出	500			$A_{c1} = u_{o1}/u_i =$		
					$A_{c2} = u_{o2}/u_i =$		
	双端输出				$A_c = (u_{o1} - u_{o2})/u_i =$		

计算过程：

步骤 4：

恒流源式差动放大电路实验自制表格：

实验记录：

_____

_____

_____

_____

实验总结

1. 为什么电路在工作前需要进行调零？

2. 通过实验总结比较两种差动放大电路的主要特点。

3. 将实测数据与理论估算值进行比较，分析产生误差的原因。

4. R_E 值的提高受到什么限制？如何解决这一矛盾？

5. 本次实验操作总结、实验体会或建议。

2.4　集成运算放大器应用（Ⅰ）——比例运算电路

2.4.1　实验目的

1. 掌握检查集成运算放大器好坏的方法。
2. 掌握集成运算放大器组成比例、求和运算电路的结构特点。
3. 掌握集成运算电路的输入与输出电压传输特性及输入电阻的测试方法。

2.4.2　原理说明

集成运算放大器（简称运放）是具有两个输入端、一个输出端的高增益、高输入阻抗的电压放大器。在它输入端和输出端之间加上反馈网络，则可实现各种不同的电路功能。集成运放的应用首先表现在它能构成各种运算电路，比例、求和运算电路是集成运算放大器的线性应用，在线性应用中分析电路遵循的原则："虚断"和"虚短"。

"虚断"：认为流入运算放大器两个净输入端的电流近似为 0（$i_P \approx i_N \approx 0$）。

"虚短"：认为运算放大器两个净输入端的电位近似相等（$u_P \approx u_N$）。

1. 反相比例运算电路

如图 2-11 所示，输出与输入电压 u_I 的关系式为

$$u_O = -\frac{R_f}{R_1}u_I \tag{2-12}$$

电压放大倍数为 $A_{uf} = -\dfrac{R_F}{R_1}$；若 $R_f = R_1$，则 $A_{uf} = -1$ 为反相跟随器。

2. 同相比例运算电路

如图 2-12 所示，输出电压 u_O 与输入电压 u_I 电压关系式为

$$u_O = \frac{R_f + R_1}{R_1}u_I \tag{2-13}$$

电压放大倍数为 $A_{uf} = 1 + \dfrac{R_f}{R_1}$；若 $R_1 \rightarrow \infty$，则 $A_{uf} = 1$ 为电压跟随器。

3. 反相求和电路

如图 2-13 所示，输出电压 u_O 与输入电压 u_I 关系式为

$$u_O = -\left(\frac{R_f}{R_1}u_{I1} + \frac{R_f}{R_2}u_{I2}\right) \tag{2-14}$$

为了提高运算放大器的运算精度，一般运算放大器具有外部调零端，以保证运算放大器输入为 0 时，输出也为 0。在运放电路实验板上调零电路已经接好，使用时，调节调零旋钮即可。

实验板上运算放大器所提供的直流电源为 ±12V，运算放大器输出不会大于电源电压，所以运算放大器的饱和输出电压 U_{om} 在 −12V 至 +12V 之间。

4. 实验设备

模拟实验箱、示波器、万用表、集成运放。

2.4.3　实验内容

1. 检查运算放大器的好坏——开环过零

1）将运算放大器实验板上接入直流电源 +12V、−12V 和"地"，否则运算放大器无法正常工作（实验过程中不要拆掉此电源线）。

2）按图 2-10 接线，将导线 A 一端接"地"，另一端分别接到"1"和"2"上，利用运算放大器开环放大倍数近似无穷大，可检查运算放大器的好坏。若运算放大器输出电压 U_o 分别为正负饱和值，即开环过零，则该运算放大器基本上是好的，否则运算放大器有问题。

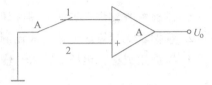

图 2-10　开环过零电路

3）用数字万用表测量记录正负饱和电压值 $+U_{om}$ 和 $-U_{om}$。

2. 反相比例运算电路

1）按电路图 2-11 接线。实验中输入电压 U_i 为直流电压信号（由模拟实验箱中直流信号源提供）。

2）比例运算电路首先要进行闭环调零，消除内部误差。操作方法：当 $u_I = 0$ 时，用万用表测量 u_o，调节运算放大器的调零电位器，使 $u_o = 0$ 即可。后面同相比例、反相求和电路同样有闭环调零的问题，就不再重复说明了。

3）按表 2-12 给定的值，验证 $u_N \approx u_P$；$R_i = R_1$，将测量数据记录在表中。

4）按表 2-13 给定的值，验证反相比例运算电路的传输特性，测量 U_i 和 U_o，将数据记录在表中，并计算理论值与实测值之间的误差。

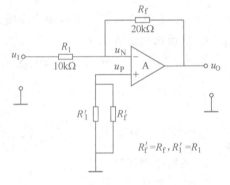

图 2-11　反相比例运算电路

5）根据实测数据，将反相比例运算电路的输入与输出传输特性曲线画在坐标图 2-14 中。

3. 同相比例运算电路

1）按电路图 2-12 接线，输入电压 U_i 为直流信号。

2）闭环调零。

3）按表 2-12 给定的值，验证 $u_N \approx u_P$；$R_i = \infty$，将测量数据记录在表中。

4）按表 2-14 给定的值，测量 U_i 和 U_o，将数据记录在表中，并计算理论值与实测值之间的误差。

5）根据实测数据，将同相比例运算电路的输入与输出传输特性曲线画在坐标图 2-15 中。

4. 反相求和电路

1）实验电路如图 2-13 所示（R' 可接 $2k\Omega$，通过调零消除误差）。

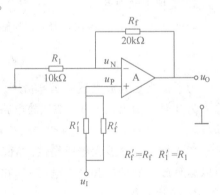

图 2-12　同相比例运算电路

2）闭环调零。

3）按表 2-15 给定的值，测量 U_i 和 U_o，将数据记录在表中，并计算理论值与实测值之间的误差。

4）电路图 2-13 不变，U_{i1} 为直流信号（$U_{i1} = +1V$），u_{i2} 提供正弦交流信号（$U_{i2} = +0.5V$，$f = 1000Hz$），用示波器观察输入与输出波形，验证反相求和公式，并将波形画在坐标图 2-16 中。正确选择仪器仪表，精确测量 U_{i1}、U_{i2}、U_o 的值。

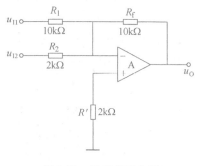

图 2-13　反相求和电路

2.4.4　实验总结报告分析提示

1. 通过实验总结比较比例、求和电路的特点。总结使用运算放大器时应注意的主要问题。

2. 整理实验数据表格，分析误差原因。

3. 根据实测数据画反相比例和同相比例电路的输入与输出传输特性曲线图（其横坐标为输入电压，纵坐标为输出电压）。画反相求和波形图。

4. 思考题：当表 2-14 中 U_i 大于等于 4V 时，U_o 会大于等于 12V 吗？U_i 小于等于 $-4V$ 时，U_o 会小于等于 $-12V$ 吗？为什么？

2.4.5　预习要求

1. 阅读本实验内容以及与本实验有关的教材内容，填写表 2-16。

2. 按公式计算出表 2-13、表 2-14、表 2-15 中理论值，并将其填入表中。

2.4.6　注意事项

1. 在实验前应先检查集成运放芯片是否插好，应将芯片的缺口方向向左，对准插座上的缺口插好。

2. 将实验电路的接地端与电源的接地端相连接。

3. 运算放大器正、负电源极性不能接错，输出端不能接"地"（输出端不能短路）。

4. 为了减小测量误差，测量 u_i 和 u_o 时，电表尽量用同一量程。

✂ 姓名：_____学号：_____班级：_____组号：_____同组同学：_____

实验原始数据记录

步骤 1：

正饱和电压值：$+U_{om} =$ _____，负饱和电压值：$-U_{om} =$ _____。

步骤 2：

表 2-12 验证运算放大器"虚断和虚短"及输入电阻 R_i 的数据表

电路形式	输入电压 U_i/V	运放反相端 U_N/V	运放同相端 U_P/V	计算值 $R_i/k\Omega$	理论值 $R_i/k\Omega$
反相比例	1				
同相比例	1				

计算过程：反相比例 R_i 计算：$R_i = \dfrac{U_i}{I_i} = \dfrac{U_i R_1}{U_i - U_N}$

同相比例 R_i 计算：$R_i = \dfrac{U_i}{I_i} = \dfrac{U_i \ (R_1'//R_f')}{U_i - U_P}$

步骤 3：

表 2-13 反相比例运算实验数据表

输入电压 U_i/V		+4	+2.5	+1	0	−1	−2.5	−4
输出 U_o/V	理论值							
	实测值							
	计算误差							

计算过程：

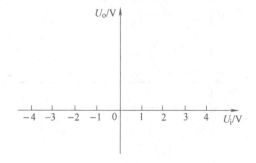

图 2-14 画反相比例运算电路输入与输出传输特性曲线

步骤4：

表 2-14　同相比例运算实验数据表

输入电压 U_i/V		+4	+2.5	+1	0	−1	−2.5	−4
输出 U_o/V	理论值							
	实测值							
	计算误差							

计算过程：

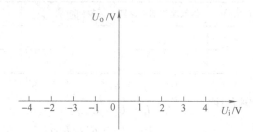

图 2-15　画同相比例运算电路输入与输出传输特性曲线

步骤5：

表 2-15　反相求和实验数据表

输入信号	U_{i1}/V	+1	+1
	U_{i2}/V	−1	+1
输出 U_o/V	理论值		
	实测值		
	计算误差		

计算过程：

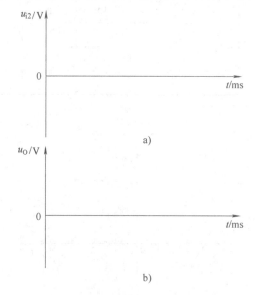

a)

b)

图 2-16　画反相求和电路波形

$$U_{i1} = \qquad U_{i2} = \qquad U_o =$$

✂ **实验记录：**

_____

_____

_____

_____

_____

实 验 预 习

表 2-16　选定正确的测量方法（正确的在方框内画√，错误的在方框内画 ×）

项　　目	测量方法
使用运算放大器	开环过零是检测运算放大器的好坏□； 闭环调零可以减少运算放大器比例运算电路中的误差□
用示波器观测信号，当信号中含有交、直流分量时	要显示全波形，选择 Y 轴耦合方式为"DC"耦合□、"AC"耦合□； 仅显示交流波形，选择 Y 轴耦合方式为："DC"耦合□、"AC"耦合□

实 验 总 结

1. 通过实验总结比较同相、反相比例电路的特点（输入电阻、输出电阻、比例系数等）。

（1）同相比例电路特点：

（2）反相比例电路特点：

2. 总结运算放大器使用时应注意的问题。

3. 整理实验数据表格，分析表 2-13、表 2-14 中的误差原因。

4. 思考题：当表 2-14 中 U_i 大于等于 4V 时，U_o 会大于等于 12V 吗？U_i 小于等于 ✂
–4V 时，U_o 会小于等于 – 12V 吗？为什么？

5. 本次实验操作总结、实验体会或建议。

2.5　集成运算放大器应用（Ⅱ）——反相积分电路

2.5.1　实验目的

1. 掌握反相积分电路的结构和性能特点。
2. 验证积分运算电路输入与输出电压的函数关系。

2.5.2　原理说明

1. 反相积分电路

采用运算放大器构成的积分电路输入与输出电压之间的关系可为理想的积分特性，即积分电流为恒定。在图 2-17 中，反相输入端"虚地"，输入电流 $i_R = u_I/R$，因为运算放大器输入端几乎不取用电流（"虚断"），所以 $i_R = i_C$，积分电容 C 就以电流 $i_C = u_I/R$ 进行充电，假设电容器 C 初始电压为 0，则

$$u_0 = -\frac{1}{RC}\int u_I dt \qquad (2\text{-}15)$$

式（2-15）表明输出电压 u_0 为输入电压 u_I 对时间的积分，负号表示它们在相位上是相反的。

当输入信号为阶跃电压时，输出电压 u_0 与时间 t 成近似线性关系，即

$$u_0 \approx -\frac{1}{RC}u_I t \qquad (2\text{-}16)$$

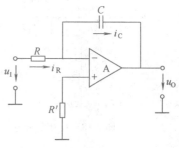

图 2-17　反相积分原理电路

式中：RC 为积分时间常数 τ，u_0 随时间 t 线性增大直到运算放大器进入饱和状态，u_0 保持不变，而停止积分。这种积分电路常用来作为显示器的扫描电路及模数转换器等。在图 2-18 实验电路中，输入信号 u_I 为负直流电压，S 为积分开关，当 S 合上时，$u_0 = 0$，当 S 打开时，电容 C 开始充电，情况等同于输入信号为负向阶跃电压。

当输入信号为交流正弦电压时，则

$$u_0 = \frac{1}{\omega RC}U_{im}\sin\,(\omega t + 90°) \qquad (2\text{-}17)$$

由式（2-17）可知，输出电压 u_0 与输入电压 u_i 有 90° 的相位差。当 u_i 为正弦波形时，u_0 对应为余弦波形，输出的幅值也有所变化。在实际电路中，输入为交变信号时，输出波形有可能出现失真，可在积分电容两端并联大电阻 R_f，R_f 阻值要选用 100kΩ，其用途是改善波形出现失真的情况。

2. 实验设备

模拟电路实验箱、数字万用表、信号发生器、示波器、集成运放。

2.5.3　实验内容

1. 积分器输入为直流电压

1)"开环过零"检测运放的好坏。

2）按图 2-18 接线，$U_i = -0.1\text{V}$（由直流信号源提供）。

3）先用数字万用表观测积分情况：将积分电路的开关 S 打开的同时，用数字万用表观测积分电压达到的最大值 U_{om}。

4）用示波器观察积分波形：把示波器扫描选择放在最慢时间挡（0.5s/DIV），这时荧光屏看到的不再是扫描线，而是扫描光点在移动。选择输入耦合方式（"DC"耦合），校准 Y 轴零点，因为 u_o 朝正电压方向积分，所以将零点调在荧光屏下方的标尺线上。先将积分电路的开关 S 合上，当亮点出现在屏幕左下角时，立即把积分开关打开，并观察积分波形。将波形画在坐标图 2-20 中，并记录积分上升时间。

2. 积分器输入为交流正弦电压

1）按图 2-19 接线，积分器输入正弦交流信号：$u_i = U_{im}\sin\omega t$（$U_{im} = 1\text{V}$，$f = 100\text{Hz}$）。

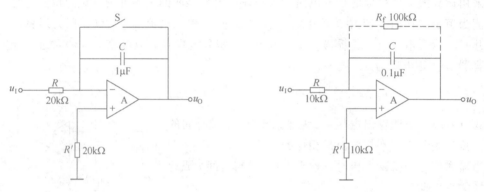

图 2-18　反相积分电路 I　　　　　　图 2-19　反相积分电路 II

2）同时观察输入与输出的波形：当输出波形出现失真时，可在电容 C 两端并上一个 $100\text{k}\Omega$ 的电阻。将波形画在坐标图 2-21 中。示波器观测波形时，先校准两条零电平基线并使其重合，注意波形之间的相位关系及标注单位。

2.5.4　实验总结报告分析提示

1. 通过实验总结积分电路的特点。

2. 实测数据和理论估算值比较，并进行误差分析。

3. 积分器输入正弦交流信号时分析 u_i 与 u_o 之间的相位关系。

4. 思考题 1：当输入直流信号 $U_i = +0.1\text{V}$ 时，积分器输出会出现什么情况？

5. 思考题 2：当输入正弦交流信号的频率发生变化时，积分器的输出会出现什么变化（分析相位差、幅值、周期）？

2.5.5　预习要求

1. 阅读本实验内容。熟练掌握示波器的使用，试填写表 2-17。

2. 图 2-18 中，开关 S 由闭合到长时间打开，理论估算积分器 u_o 从 0 上升到最大值所用的时间 t_m（设 $U_i = -0.1\text{V}$，运算放大器的饱和输出电压 $U_{om} = \pm 10\text{V}$）。

3. 图 2-19 中，当 $u_i = U_{im}\sin\omega t$（$U_{im} = 1\text{V}$，$f = 100\text{Hz}$）时，分析积分器输出端 u_o 的情况，理论估算输出幅值 U_{om}。

✄ 姓名：_____学号：_____班级：_____组号：_____同组同学：_____

实验原始数据记录

步骤 1：积分器输入为直流电压：将积分电路的开关 S 打开的同时，用数字万用表观测积分电压达到的幅值 U_{om} = _____。

步骤 2：

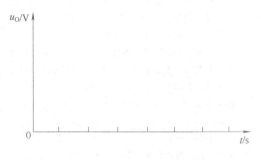

图 2-20　画直流积分波形图

积分上升时间：

步骤 3：

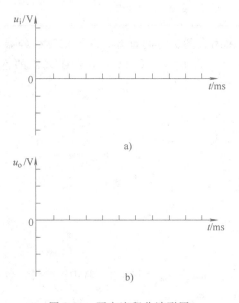

图 2-21　画交流积分波形图

实验记录：

_____

_____

_____

_____

_____

_____

实 验 预 习

表 2-17 选定正确的测量方法（正确的在方框内画√，错误的在方框内画×）

项 目	测量方法
图 2-18 中输入直流信号 $U_i = -0.1V$ 时，用示波器测积分波形	示波器扫描时间选择 "0.5s/DIV" 挡□； 示波器扫描时间选择 "2ms/DIV" 挡□； 示波器 Y 轴衰减选择 "0.2V/DIV" 挡□； 示波器 Y 轴衰减选择 "2V/DIV" 挡□； 因输出电压是缓慢变化的信号，则选择输入耦合方式为 "DC" □； 因输出电压是缓慢变化的信号，则选择输入耦合方式为 "AC" □； 将 Y 轴零点调在显示屏的上方□； 将 Y 轴零点调在显示屏的下方□
图 2-19 中，输入交流信号 $U_{im} = 1V$，$f = 100Hz$，用示波器观测两波形相位关系	示波器扫描时间选择 "0.5s/DIV" 挡□； 示波器扫描时间选择 "2ms/DIV" 挡□； 示波器 Y 轴工作方式分别选用 "CH1、CH2" 通道进行观察□； 示波器 Y 轴工作方式选用 "DUAL"（双踪显示）□； U_{im} 是正弦交流信号有效值□； U_{im} 是正弦交流信号峰值□

1. 图 2-18 中，开关 S 由闭合到长时间打开，理论估算积分器 u_o 从 0 上升到最大值所用的时间 $t_m =$ ＿＿＿＿＿＿（设 $U_i = -0.1V$，运算放大器的饱和输出电压 $U_{om} = \pm 10V$）。

计算过程：

2. 图 2-19 中，当 $u_i = U_{im}\sin\omega t$（$U_{im} = 1V$，$f = 100Hz$）时，分析积分器输出端 u_o 的情况，理论估算输出幅值 $U_{om} =$ ＿＿＿＿＿＿＿＿。

计算过程：

实 验 总 结

1. 通过实验总结积分电路的特点。

2. 交流积分时，实测数据和理论估算值比较，并进行误差分析。

3. 积分器输入正弦交流信号时分析 u_i 与 u_o 之间的相位关系。

4. 思考题 1：当输入直流信号 $U_i = +0.1\text{V}$ 时，积分器输出会出现什么情况？

5. 思考题 2：当输入正弦交流信号的频率发生变化时，积分器的输出会出现什么变化（分析相位差、幅值、周期）？

答：当输入正弦信号的频率增大时，积分器的输出会出现下列变化（在正确的答案后的括号内画√）：

1）输出信号和输入信号的相位差：①不变 （　　　）；②增大 （　　　）；③减小 （　　　）。

2）输出信号幅值：①不变 （　　　）；②增大 （　　　）；③减小 （　　　）。

3）输出信号周期：①不变 （　　　）；②增大 （　　　）；③减小 （　　　）。

6. 本次实验操作总结、实验体会或建议。

2.6 集成运放的非线性应用电路——电压比较器、波形发生电路

2.6.1 实验目的

1. 熟悉单门限电压比较器、滞回比较器的电路组成特点。
2. 了解比较器的应用及测试方法。
3. 学习由运放组成的 RC 正弦波发生器和方波发生器工作原理及参数计算。
4. 学习用示波器观测波形。

2.6.2 原理说明

1. 电压比较器

（1）单门限电压比较器的主要特点 比较器是一种用来比较输入电压 u_I 和参考电压 U_{REF} 的电路。这时运放处于开环状态，具有很高的开环电压增益，当 u_I 在参考电压 U_{REF} 附近有微小的变化时，运放输出电压将会从一个饱和值跳变到另一个饱和值。把比较器输出电压 u_O 从一个电平跳变到另一个电平时相应的输入电压 u_I 值称为门限电压或阈值电压 U_{TH}。

当输入电压 u_I 从同相端输入，参考电压 U_{REF} 接在反相端，且只有一个门限电压，称为同相输入单门限电压比较器。反之，当输入电压 u_I 从反相端输入，参考电压 U_{REF} 接在同相端，称为反相输入单门限电压比较器。

图 2-22 电路中，输出端 R 为稳压限流电阻，它与稳压管 VZ_1 和 VZ_2 组成输出双向限幅电路，使输出电压 $u_O = \pm U_Z = \pm 8V$。当同相输入端接参考电压 U_{REF}，反相输入电压 $u_I > U_{REF}$ 时，比较器输出电压 $u_O = -U_Z = -8V$；反相输入电压 $u_I < U_{REF}$ 时，比较器输出电压 $u_O = +U_Z = +8V$。

图 2-22 电路中，若参考电压 $U_{REF} = 0$，这种比较器称为过零比较器。输入电压 u_I 在过零点时，输出电压 u_O 将要产生一次跳变。利用过零比较器可以把正弦波变为方波。

（2）滞回比较器的主要特点 单门限电压比较器虽然有电路简单、灵敏度高等特点，但其抗干扰能力差。滞回比较器具有滞回回环传输特性，使抗干扰能力大大提高。

图 2-23 所示为反相输入滞回比较器，图中运放同相输入端电压实际就是门限电压，根据输出电压 u_O 的不同值（高电平 U_{OH} 或低电平 U_{OL}），可分别求出上限门电压 U_{T+} 和下限门电压 U_{T-} 分别为

$$U_{T+} = \frac{R_1 U_{OH}}{R_1 + R_2} \tag{2-18}$$

$$U_{T-} = \frac{R_1 U_{OL}}{R_1 + R_2} \tag{2-19}$$

2. 波形发生电路

（1）RC 正弦波发生器 RC 正弦波发生器（也称文氏电桥振荡器）是在没有外加输入信号的情况下，依靠电路自激振荡而产生正弦波输出电压的电路。这个电路由两部分组成，即放大电路 A_V 和选频网络 F_V。正弦波振荡应满足两个条件（振幅平衡及相位平衡）。

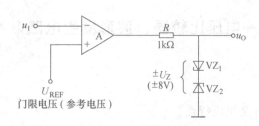

图 2-22　反相输入单门限过零比较器

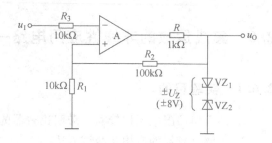

图 2-23　反相输入滞回比较器

图 2-24 电路，RC 选频网络形成正反馈系统，可以满足相位平衡条件，调节 RP 为满足振幅平衡条件 $A_V = 3$（$AF = 1$）。当 $A_V \gg 3$，则因振幅的增长，致使放大器工作在非线性区，波形将产生严重的失真（接近于方波）。

正弦波振荡频率为

$$f = 1/(2\pi RC) \tag{2-20}$$

图 2-24 中的二极管为自动稳幅元件，当放大器输出电压 u_0 幅值很小时，二极管接近于开路，二极管与 R_F 组成的并联支路的等效电阻近似为 R_F，放大倍数 A_V 增加，$A_V > 3$，有利于起振；反之，输出电压 u_0 幅值很大时，二极管导通，二极管与 R_F 组成的并联支路的等效电阻减小，放大倍数 A_V 下降，输出电压 u_0 幅值趋于稳定。

（2）方波发生器　电路图 2-25 是一种常见的方波发生器，它是在滞回比较器的基础上，增加了由 RC 组成的积分电路。当运放反相端的电压与运放同相端的电压进行比较，使运放输出端在正负饱和值间跳变。由于电容器上的电压不能跳变，只能由输出电压 u_0 通过电位器 RP 按指数规律向电容 C 充放电来建立。电容 C 两端的电压 u_C 接在运放反相端上，运放同相端电压为

$$u_P = \pm R_1/(R_1 + R_2)U_Z \tag{2-21}$$

输出端的电阻 R_3 和稳压管组成了双向限幅稳压电路，使输出电压限幅为 $\pm 8V$。

输出方波的周期为

$$T = 2R_F C \ln (1 + 2R_1/R_2) \tag{2-22}$$

方波波形高电平的持续时间与方波周期之比为占空比 q。

3. 实验设备

示波器、信号发生器、实验箱、万用表。

2.6.3　实验内容

1. 电压比较器

（1）单门限电压比较器　反相输入过零比较器。按图 2-22 接线，参考电压 $U_{REF} = 0V$，u_i 输入交流正弦信号（$U_i = 1V$，$f = 500Hz$），用示波器观察输入与输出波形，并画在坐标图 2-26 中。

（2）滞回比较器：

1）按图 2-23 接线，u_i 输入交流正弦信号（$U_i = 1V$，$f = 500Hz$）。

2）用示波器观察输入与输出波形，并画在坐标图 2-27 中，并在坐标上标注比较器上限门电压 U_{T+} 和下限门电压 U_{T-} 的值。

2. 波形发生电路

（1）RC 正弦波发生器：

1）按实验电路图 2-24 接线，用示波器观察输出波形 u_o，调节电位器 RP 使 u_o 为正弦波，且幅值最大。

2）用示波器测量 u_o 的幅值和周期，并将波形画在坐标图 2-28 上。

3）分别将电位器 RP 滑动端左右调整，用示波器观察 u_o 的波形变化并分析原因，将其填入表 2-18 中。

（2）方波发生器：

1）方波发生器按图 2-25 接线，调节电位器 RP，用示波器观察 u_o 和 u_C 的波形（u_o 幅值、周期有否变化，是增加还是减小，计算占空比 q），将其填入表 2-19 中。

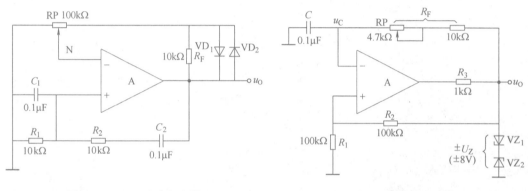

图 2-24 RC 正弦波发生器　　　　　　　图 2-25 方波发生器

2）当 $R_F = 10\text{k}\Omega$ 时，将 u_C 和 u_o 的波形对应画在坐标图 2-29 中。

2.6.4 实验总结报告分析提示

1. 通过实验总结电压比较器的工作原理。

2. 整理实验数据，在坐标纸上画出有关的波形图。将滞回比较器的门限电压的理论值和实测值进行比较。

3. 思考题：当滞回比较器输入交流信号 U_{im} 值小于门限电压 U_T 时，比较器输出会出现什么情况？

4. 通过实验整理波形发生电路实验数据及绘制波形图，并将实测值与理论值比较，并分析误差原因。

5. 思考题 1：方波发生器图 2-25 中 R_3 电阻的大小，会对输出产生什么影响？

6. 思考题 2：方波发生器图 2-25 中 u_C 波形中充、放电的幅值由什么决定？充、放电的时间由什么决定？

7. 思考题 3：RC 正弦波发生器图 2-24 中，电位器 RP 的作用是调节正弦波的频率吗？它的作用是什么？

2.6.5 预习要求

1. 阅读本实验内容及本实验有关的教材内容，了解由运算放大器组成电压比较器的工作原理。填写表 2-20 中的内容，了解波形发生电路的工作原理。

2. 理论计算图 2-23 电路中，上限门电压 U_{T+}；下限门电压 $U_{T-}\left(U_{T+}=\dfrac{R_1 U_{OH}}{R_1+R_2}, U_{T-}=\dfrac{R_1 U_{OL}}{R_1+R_2}\right)$。

3. 计算 RC 正弦波发生器（图 2-24）的输出振荡频率 f_0。

4. 计算方波发生器（图 2-25）当 $R_F=10\text{k}\Omega$ 时，输出方波的周期 T。

✂ 姓名：_____学号：_____班级：_____组号：_____同组同学：_____

实验原始数据记录

步骤 1：

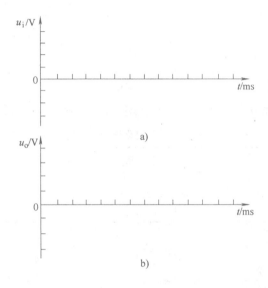

图 2-26　画反相输入单门限过零比较器波形图（画 1.5 个周期）

步骤 2：

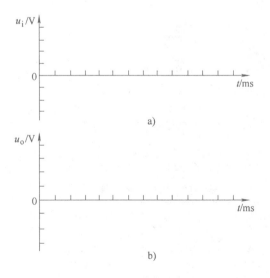

图 2-27　画反相输入滞回比较器波形图（画 1.5 个周期）

步骤3：

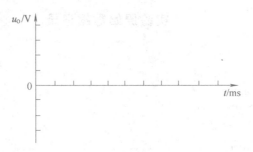

图 2-28　画 *RC* 正弦波发生器输出波形（画 1.5 个周期）

表 2-18　波形变化记录

操作	输出电压 u_o 波形的变化
RP 滑动端 N 左移	
RP 滑动端 N 右移	

步骤4：

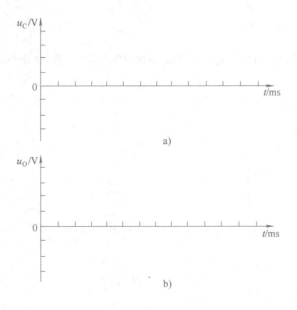

a)

b)

图 2-29　画方波发生器 u_C 和 u_o 的波形（画 1.5 个周期）

表 2-19　波形变化记录

操作	输出电压 u_o 波形的变化		
	幅值	周期	占空比 q
R_{RP} 调大			
R_{RP} 调小			

✂ **实验记录：**

_____

_____

_____

_____

_____

_____

_____

实 验 预 习

1）理论计算图 2-23 电路中，上限门电压 $U_{\mathrm{T}+}$ = _____；下限门电压 $U_{\mathrm{T}-}$

= _____ $\left(U_{\mathrm{T}+} = \dfrac{R_1 U_{\mathrm{OH}}}{R_1 + R_2},\ U_{\mathrm{T}-} = \dfrac{R_1 U_{\mathrm{OL}}}{R_1 + R_2} \right)$。

计算过程：

2）计算 RC 正弦波发生器（图 2-24）的输出振荡频率 f_0 = _____。

计算过程：

3）计算方波发生器（图 2-25）当 $R_{\mathrm{F}} = 10\mathrm{k\Omega}$ 时，输出方波的周期 T = _____。

计算过程：

表 2-20　选定正确的操作方法（正确的在方框内画√，错误的在方框内画 ×）

项　目	操作方法
运算放大器使用	运算放大器使用时须提供直流电源（±12V 和地）□； 运算放大器须检测好坏，方法是开环过零□； 电压比较器仍需要调零□
滞回比较器	利用滞回比较器将输入的正弦波转换为输出的矩形波，对输入信号幅值大小没有要求□

实 验 总 结

1. 通过实验总结电压比较器的工作原理。

2. 整理实验数据，将滞回比较器的门限电压的理论值和实测值进行比较。

3. 思考题：当滞回比较器输入交流信号 U_{im} 值小于门限电压 U_T 时，比较器输出会出现什么情况？

4. 通过实验整理波形发生电路实验数据，将波形周期的实测值与理论值比较，并分析误差原因。

5. 思考题 1：方波发生器图 2-25 中 R_3 电阻的大小，会对输出产生什么影响？

6. 思考题 2：方波发生器图 2-25 中 u_C 波形中充、放电的幅值由什么决定？充、放电的时间由什么决定？

7. 思考题 3：RC 正弦波发生器图 2-24 中，电位器 RP 的作用是调节正弦波的频率吗？它的作用是什么？

8. 本次实验操作总结、实验体会或建议。

2.7　有源滤波电路

2.7.1　实验目的

1. 熟悉用运放、电阻和电容组成有源低通滤波、高通滤波、带通滤波和带阻滤波器。
2. 学会测量有源滤波器的幅频特性。

2.7.2　原理说明

对于信号的频率具有选择性的电路称为滤波电路。由 RC 元件与运算放大器组成的滤波器称为 RC 有源滤波器，其功能是让一定频率范围内的信号通过，抑制或急剧衰减此频率范围以外的信号，可用在信息处理、数据传输、抑制干扰等方面，但因受运算放大器频带限制，这类滤波器主要用于低频范围。根据对频率范围的选择不同，可分为低通（LPF）、高通（HPF）、带通（BPF）与带阻（BEF）四种滤波器，它们的幅频特性如图 2-30 所示。

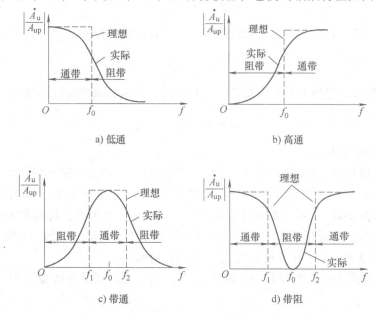

a) 低通　　　　　　　　　　b) 高通

c) 带通　　　　　　　　　　d) 带阻

图 2-30　四种滤波电路的幅频特性示意图

具有理想幅频特性的滤波器是很难实现的，只能用实际的幅频特性去逼近理想。一般来说，滤波器的幅频特性越好，其相频特性越差，反之亦然。滤波器的阶数越高，幅频特性衰减的速率越快，但 RC 网络的阶数越多，元件参数计算越繁琐，电路调试越困难。任何高阶滤波器均可以用较低的二阶 RC 有源滤波器级联实现，因此掌握好二阶有源滤波器的组成和特性是学习滤波器的关键。

1. 低通滤波器（LPF）

低通滤波器用来通过低频信号，衰减或抑制高频信号。

如图 2-31a 所示为典型的二阶有源低通滤波器。它由两级 RC 滤波环节与同相比例运算电路组成，其中第一级电容 C 接至输出端，引入适量的正反馈，以改善幅频特性。

图 2-31b 为二阶低通滤波器幅频特性曲线。

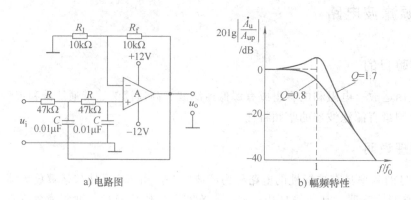

a) 电路图　　　　　　　　　　b) 幅频特性

图 2-31　二阶低通滤波器

1）二阶低通滤波器的通带增益，即

$$A_{up} = 1 + \frac{R_F}{R_1} \tag{2-23}$$

2）截止频率 f_0：它是二阶低通滤波器通带与阻带的界限频率，即

$$f_0 = \frac{1}{2\pi RC} \tag{2-24}$$

3）品质因数 Q：它的大小影响低通滤波器在截止频率处幅频特性的形状，即

$$Q = \frac{1}{3 - A_{up}} \tag{2-25}$$

2. 高通滤波器（HPF）

与低通滤波器相反，高通滤波器用来通过高频信号，衰减或抑制低频信号。

只要将图 2-31 所示低通滤波电路中起滤波作用的电阻、电容互换，即可变成二阶有源高通滤波器，如图 2-32a 所示。高通滤波器性能与低通滤波器相反，其频率响应和低通滤波器是"镜像"关系，仿照低通滤波器分析方法，不难求得高通滤波器的幅频特性。

电路性能参数 A_{up}、f_0、Q 各量的含义同二阶低通滤波器。

图 2-32b 为二阶高通滤波器的幅频特性曲线，它与二阶低通滤波器的幅频特性曲线有"镜像"关系。

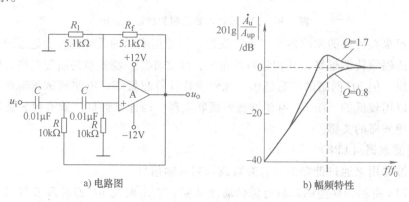

a) 电路图　　　　　　　　　　b) 幅频特性

图 2-32　二阶高通滤波器

3. 带通滤波器（BPF）

这种滤波器的作用是只允许在某一个通频带范围内的信号通过，而比通频带下限频率低和比上限频率高的信号均加以衰减或抑制。

典型的带通滤波器可以从二阶低通滤波器中将其中一级改成高通而成，如图 2-33a 所示，图 2-33b 为二阶带通滤波器幅频特性曲线。

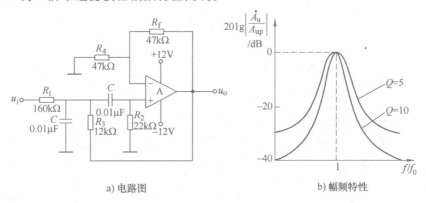

a) 电路图　　　　　　　　　　b) 幅频特性

图 2-33　二阶带通滤波器

电路性能参数如下：

1）通带增益：

$$A_{up} = \frac{R_4 + R_f}{R_4 R_1 CB} \tag{2-26}$$

2）中心频率：

$$f_0 = \frac{1}{2\pi} \sqrt{\frac{1}{R_2 C^2} \left(\frac{1}{R_1} + \frac{1}{R_3} \right)} \tag{2-27}$$

3）通带宽度：

$$B = \frac{1}{C} \left(\frac{1}{R_1} + \frac{2}{R_2} - \frac{R_f}{R_3 R_4} \right) \tag{2-28}$$

4）选择性：

$$Q = \frac{\omega_0}{B} \tag{2-29}$$

此电路的优点是改变 R_f 和 R_4 的比例就可改变频宽而不影响中心频率。

4. 带阻滤波器（BEF）

如图 2-34a 所示，这种电路的性能和带通滤波器相反，即在规定的频带内，信号不能通过（或受到很大衰减或抑制），而在其余频率范围，信号则能顺利通过。图 2-34b 为二阶带阻滤波器幅频特性曲线。

在双 T 网络后加一级同相比例运算电路就构成了基本的二阶有源带阻滤波器。

电路性能参数如下：

1）通带增益：

$$A_{up} = 1 + \frac{R_f}{R_1} \tag{2-30}$$

2）中心频率：

$$f_0 = \frac{1}{2\pi RC} \tag{2-31}$$

3）通带宽度：

$$B = 2\left(2 - A_{up}\right) f_0 \tag{2-32}$$

4）选择性：

$$Q = \frac{1}{2\left(2 - A_{up}\right)} \tag{2-33}$$

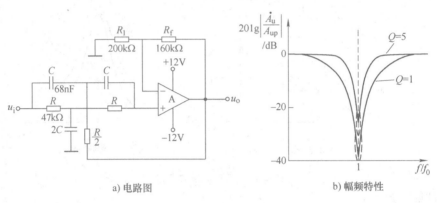

a) 电路图   b) 幅频特性

图 2-34   二阶带阻滤波器

5. 实验设备

±12V 直流电源、信号发生器、双踪示波器、交流毫伏表。

2.7.3   实验内容

1. 二阶低通滤波器

实验电路如图 2-31a 所示。

1）粗测：接通 ±12V 电源。u_i 接信号发生器，令其输出为 $U_i = 1V$ 的正弦波信号，在滤波器截止频率附近改变输入信号频率，用示波器或交流毫伏表观察输出电压幅度的变化是否具备低通特性，如不具备，应排除电路故障。

2）在输出波形不失真的条件下，选取适当幅度的正弦输入信号（$U_i = 400\text{mV}$），在维持输入信号幅度不变的情况下，逐点改变输入信号频率。测量输出电压 U_o，填入表 2-21 中，描绘幅频特性曲线。

2. 二阶高通滤波器

实验电路如图 2-32a 所示。

1）粗测：输入为 $U_i = 1V$ 的正弦波信号，在滤波器截止频率附近改变输入信号频率，观察电路是否具备高通特性。

2）测绘高通滤波器的幅频特性曲线，填入表 2-22 中。

3. 带通滤波器

实验电路如图 2-33a 所示，测量其频率特性，填入表 2-23 中。

1）实测电路的中心频率 f_0。

2）以实测中心频率 f_0 为中心，测绘电路的幅频特性。

4. 带阻滤波器

实验电路如图 2-34a 所示。

1）实测电路的中心频率 f_0。

2）测绘电路的幅频特性，填入表 2-24 中。

2.7.4　实验总结报告分析提示

1. 整理实验数据，分别在图 2-35～图 2-38 中画出各电路实测的幅频特性。

2. 根据实验曲线，计算截止频率、中心频率、带宽及品质因数。

3. 总结有源滤波电路的特性。

4. 说明品质因数的改变对滤波电路频率特性的影响。

5. 为什么高通滤波器的幅频特性在频率很高时，其电压增益会随频率升高而下降？

2.7.5　预习要求

1. 复习教材有关滤波器内容。

2. 分析图 2-31～图 2-34 所示电路，写出它们的增益特性表达式。

3. 计算图 2-31、图 2-32 的截止频率，计算图 2-33 和图 2-34 的中心频率。

✂ 姓名：_____ 学号：_____ 班级：_____ 组号：_____ 同组同学：_____

实验原始数据记录

步骤 1：

表 2-21　幅频特性（二阶低通滤波器）

f/Hz	20	200	300	400	500	600	700	$f_{0(二阶)}=$	$10f_0=700$
U_o/V									

步骤 2：

表 2-22　幅频特性（二阶高通滤波器）

f/Hz								
U_o/V								

步骤 3：

表 2-23　幅频特性（带通滤波器）

f/Hz								
U_o/V								

步骤 4：

表 2-24　幅频特性（带阻滤波器）

f/Hz								
U_o/V								

实验记录：

_____
_____
_____
_____
_____
_____

实 验 总 结

1. 分析图 2-31 ~ 图 2-34 所示电路，写出它们的增益特性表达式。

2. 计算图 2-31、图 2-32 的截止频率，计算图 2-33 和图 2-34 的中心频率。

3. 整理实验数据，分别在图 2-35 ~ 图 2-38 中画出各电路实测的幅频特性。

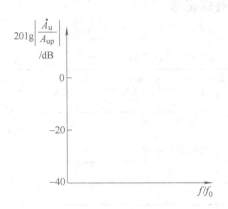

图 2-35　二阶低通滤波器幅频特性

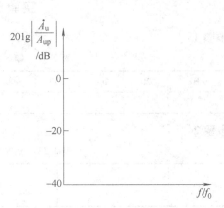

图 2-36　二阶高通滤波器幅频特性

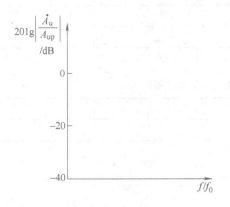

图 2-37　二阶带通滤波器幅频特性

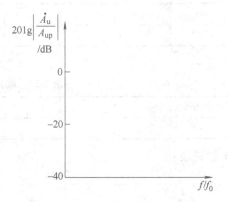

图 2-38　二阶带阻滤波器幅频特性

4. 根据实验曲线，计算截止频率、中心频率、带宽及品质因数。

5. 总结有源滤波电路的特性。

6. 说明品质因数的改变对滤波电路频率特性的影响。

7. 为什么高通滤波器的幅频特性在频率很高时，其电压增益会随频率升高而下降？

8. 本次实验操作总结、实验体会或建议。

2.8　直流稳压电源电路

2.8.1　实验目的

1. 验证单相桥式整流及加电容滤波电路中输出直流电压与输入交流电压之间的关系，并观察它们的波形。

2. 学习测量直流稳压电流的主要技术指标。

3. 学习集成稳压块的使用。

4. 练习示波器和交流毫伏表的使用。

5. 了解直流稳压电源的实际应用：许多电子设备内部均有直流稳压电源，应用广泛。

2.8.2　原理说明

电子设备一般都需要直流电源供电。这些直流电除了少数直接利用干电池和直流发电机外，大多数是采用把交流电（市电）转变为直流电的直流稳压电源。

直流稳压电源由电源变压器、整流、滤波和稳压电路四部分组成，其原理框图如图 2-39 所示。电网供给的交流电压 u_1（220V/50Hz）经电源变压器降压后，得到符合电路需要的交流电压 u_2，然后由整流电路变换成方向不变、大小随时间变化的脉动电压 u_3，再用滤波器滤去其交流分量，就可得到比较平直的直流电压 u_4。但这样的直流输出电压还会随交流电网电压的波动或负载的变动而变化。在对直流供电要求较高的场合，还需要使用稳压电路，以保证输出直流电压更加稳定。

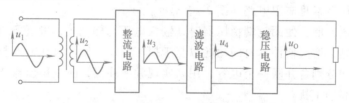

图 2-39　直流稳压电源框图

1. 单相桥式整流、加电容滤波电路

在图 2-40 电路中，单相桥式整流是将交流电压通过二极管的单相导电作用变为单方向的脉动直流电压。单相桥式整流电路负载上的直流电压 $U_3 = 0.9U_2$。

加电容滤波电路是通过电容的能量存储作用，降低整流电路含有的脉动部分，保留直流成分。负载上的直流电压随负载电流增加而减小，纹波的大小与滤波电容 C 的大小有关，RC 越大，电容放电速率越慢，则负载电压中的纹波成分越小，负载上平均电压越高。在图 2-40 电路中，当 C 值一定，$R_L = \infty$（空载）时，$U_3 \approx 1.4U_2$；当接上负载 R_L 时，$U_3 \approx 1.2U_2$。

2. 集成稳压块稳压电路

由于集成稳压电源具有体积小、外接线路简单、使用方便、工作可靠和具有通用性等优点，因此在各种电子设备中应用十分普遍。集成三端稳压器是一种串联型稳压器，内部设有过热、过流和过压保护电路。它只有三个外引出端（输入端、输出端和公共地端），将整流

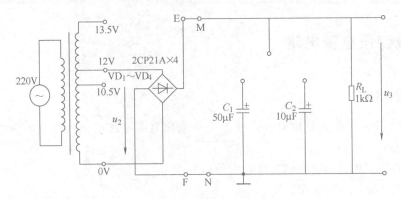

图 2-40　整流滤波电路

滤波后的不稳定的直流电压接到集成三端稳压器输入端（U_I），经三端稳压器后在输出端（U_O）得到某一值的稳定的直流电压。

常用的三端集成稳压器，有输出电压固定式和可调式两种，固定式稳压器只有输入、输出和公共引出端，正电压输出的为 78×× 系列，负电压输出的为 79×× 系列。其外形如图 2-41 所示。

输出固定电压集成稳压器，它的电压共分为 5～24V 7 个档。例如，7805、7806、7909 等，其中字头 78 表示输出电压为正值，字头 79 表示输出电压为负值，后面数字表示输出电压的稳压值。输出电流最大为 1.5A（必须带散热器）。

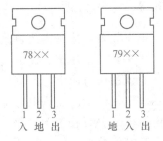

图 2-41　固定三端稳压器的外形图

固定三端稳压器常见应用电路如图 2-42 所示。

为了保证稳压性能，使用三端稳压器时，输入电压与输出电压相差至少 2V 以上，但也不能太大，太大则会增大器件本身的功耗以至于损坏器件。使用时在输入与公共端之间、输出端与公共端之间分别各并联一个电容，用来实现频率补偿，防止稳压器产生高频自激振荡和抑制电路引入高频干扰。

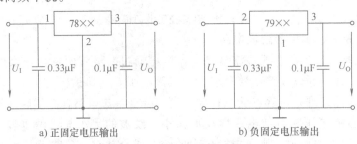

a) 正固定电压输出　　　　　　b) 负固定电压输出

图 2-42　固定三端稳压器应用电路

3. 稳压电路技术指标

1）稳压电路技术指标分两种：一种特性指标，包括允许的输入电压、输出电压、输出电流及输出电压调节范围等；另一种是质量指标，用来衡量输出直流电压的稳定程度，包括稳压系数、输出电阻及纹波电压等。

2）稳压系数 γ：常用输出电压和输入电压的相对变化之比来表征稳压性能，稳压系数

γ 越小，输出电压越稳定。其定义为 $\gamma = \dfrac{\Delta U_0 / U_0}{\Delta U_1 / U_1}$。

3）输出电阻 R_o：$R_o = \dfrac{\Delta U_0}{\Delta I_0} \Omega$。输出电阻反映负载电流 I_0 变化对输出电压的影响。

4）纹波电压 $U_{o(\sim)}$：指稳压电路输出端交流分量的有效值，一般为毫伏数量级，它表示输出电压的微小波动。

4. 实验设备

模拟实验箱、双踪示波器、交流毫伏表、万用表、三端稳压器 W7806。

2.8.3　实验内容

1. 单相桥式整流滤波电路

1）按图 2-40 连接线路，u_2 接到变压器二次侧的 12V 端子上。

2）用示波器观察输出电压 u_3 的波形，同时用万用表分别测出 U_2（交流有效值）和 U_3（直流平均值）的大小，该项实验分三种情况进行，如表 2-26 所示。

注意：

1）每次改接电路时，必须切断电源。

2）在观察输出电压 u_3 波形的过程中，Y 轴垂直衰减旋钮位置调好以后不要再变动，否则将无法比较各波形的脉动情况。

2. 三端集成稳压电路

图 2-43 为用三端集成稳压块 W7806 等组成的输出固定 +6V 的稳压电路。

其中整流、滤波和稳压电路的组成方法是：图 2-40 中的 C_1、C_2 和 R_L 不接，仅保留整流电路部分。再将整流电路的输出端 E、F 对应接至图 2-42a 的输入端 1、公共端 2。这样就构成了一个完整的稳压电路。用示波器观察输出端电压 u_0 波形。

3. 测试稳压电路质量指标（三端集成稳压电路）

（1）测量稳压系数 γ（又称电压稳定度）　　$U_2 = 12V$，负载电阻 $R_L = 20\Omega$，测量对应的输入电压 U_I 和输出电压 U_0 的值。

注意：测量 U_0 时，因考虑到电流表的内阻，所以测量电压表笔要放在电流表前面，如图 2-43 所示。

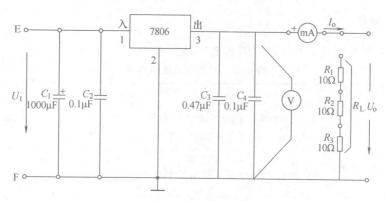

图 2-43　三端集成块稳压电路

当 U_2 电压变化时，输出电压会随之改变，由此检查稳压电路的电压稳定度，即分别测量 $U_2 = 12V$、$U_2 = 13.5V$、$U_2 = 10.5V$ 时所对应的输入电压 U_1 和输出电压 U_0 的值，并将以上数据填入表 2-27 中。

（2）测量外特性及纹波电压 $U_{0(\sim)}$　电路同图 2-43，当 $U_2 = 12V$，改变负载电阻 R_L 的大小，并逐次测量各个对应 I_0、U_0 和纹波电压 $U_{0(\sim)}$ 值（用交流毫伏表测量 $U_{0(\sim)}$ 得到交流分量的有效值），并将数据填入表 2-28 中（当 I_0 接近满量程 500mA 时，电流表在电路中测量时间要短，否则易损坏表）。

2.8.4　实验总结报告分析提示

1. 在整流桥后为什么要加滤波电路？
2. 分析单相桥式整流滤波电路中电容的改变对纹波电压有何影响。
3. 整理实验数据表格，分别计算稳压电源的稳压系数 γ、输出电阻 R_0 的值。
4. 由表 2-28 中 I_0、U_0 的测量数据，在图 2-44 中画出外特性曲线，即 $U_0 = f(I_0)$ 的关系曲线。

2.8.5　预习要求

1. 阅读本实验内容，复习与本实验有关的课程内容。
2. 计算输出电压 U_3 的理论估算值，并填入表 2-26 中。
3. 熟悉示波器、万用表和交流毫伏表的正确使用方法，并填写表 2-29。

2.8.6　注意事项

1. 连接电路时一定区分好哪条线是"零"线，哪条线是"地"线，切勿连在一起，将它们混淆。在观测波形时，必须将示波器与实验板电路共"地"（黑夹子接"地"）。
2. 当观察信号即有交流分量，又有直流分量时，"Y 轴输入耦合"应放在"DC"挡上，并调整好显示屏上 Y 轴零点。
3. 正确选择仪表及其量程。特别注意区分电路哪些是交流量，哪些是直流量，以便正确选用电表。为防止使用不当烧坏万用表，本次实验要求：用指针式的万用表测量电流，而测量交、直流电压用数字式万用表，测量纹波电压用交流毫伏表。

2.8.7　故障分析

实验中常见的故障现象及可能原因如表 2-25 所示。

表 2-25　实验常见故障分析

故障现象	故障分析
无输出直流电压	变压器副边无输出；桥式整流器损坏；滤波电容击穿损坏；三端稳压器损坏；输出电流过大保护电路使输出压降为 0
变压器二次侧烧坏，输出电压为 0	可能桥式整流器中某二极管接反
输出电压减少 1/2	可能桥式整流器中某二极管断路

✂ 姓名：_____ 学号：_____ 班级：_____ 组号：_____ 同组同学：_____

实验原始数据记录

步骤 1：

表 2-26　单相桥式整流、加电容滤波电路实验数据

项目　　参数	U_2/V	U_3/V		u_3 波形图（示意图）	U_3/U_2（计算）
		理论值	实测值		
桥式整流不加电容滤波	12			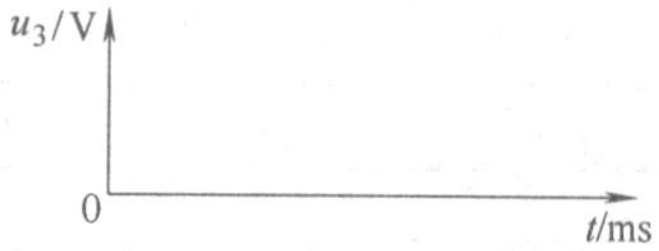	
桥式整流加 10μF 电容滤波	12			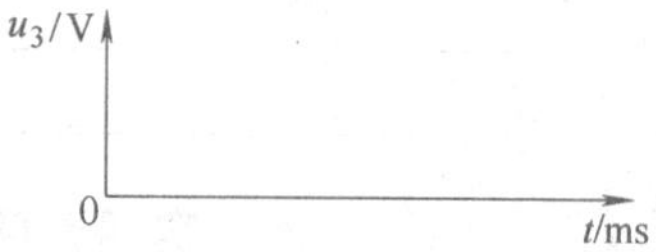	
桥式整流加 50μF 电容滤波	12			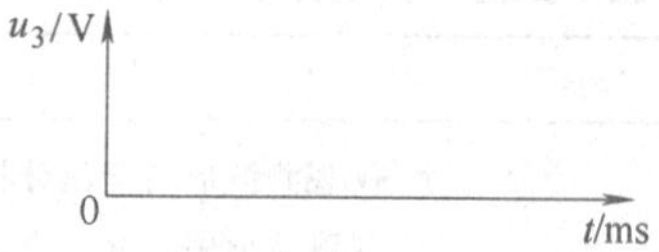	

计算过程：

步骤 2：

表 2-27　稳压系数测量数据（测试条件 $R_L = 20\Omega$）

U_2/V	U_I/V	U_0/V	$\gamma = \dfrac{\Delta U_0/U_0}{\Delta U_I/U_I}$
12			
13.5			
10.5			

84

步骤3：

表 2-28 外特性及输出电阻测量数据

R_L/Ω	∞（空载）	30	20	10
I_0/mA				
U_0/V				
$U_{o(\sim)}/mV$				

实验记录：

_____

_____

_____

_____

_____

_____

_____

实 验 预 习

表 2-29 选定正确的测量方法（正确的在方框内画√，错误的在方框内画×）

项　目	测量方法
用示波器观测波形	仅观测波形的交流分量时示波器 Y 轴耦合方式选"AC"□； 观测波形中的交、直流分量时示波器 Y 轴耦合方式选"DC"□； 如果不调示波器 Y 轴零点，能观测到波形的直流分量□
实验电路图 2-40 中，测量仪表的选用	用万用表交流电压挡测 U_2□； U_2 是交流电压有效值□； 用万用表直流电压挡测 U_3□； U_3 是直流电压平均值□
实验电路图 2-43 中，测量仪表的选用	用万用表直流电压挡测 U_1□； U_1 是直流平均值□； 用万用表直流电压挡测 U_0□； U_0 是直流平均值□； 测 I_0 电流用指针万用表，使用时表串在电路中□； 同时测量输出电压和电流时，电压表要放在电流表前面□； 用交流毫伏表测纹波电压 $U_{o(\sim)}$，单位是毫伏级□

实 验 总 结

1. 在整流桥后为什么要加滤波电路？

2. 分析单相桥式整流滤波电路中电容的改变对纹波电压有何影响。

3. 整理实验数据表格，分别计算稳压电源的稳压系数 γ、输出电阻 R_o 的值。

4. 由表 2-27 中 I_0、U_0 的测量数据，在图 2-44 中画出外特性曲线，即 $U_0 = f(I_0)$ 的关系曲线。

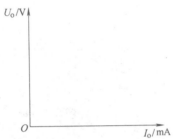

图 2-44　画外特性曲线

5. 本次实验操作总结、实验体会或建议。

2.9　互补对称功率放大电路（OCL 电路）

2.9.1　实验目的

1. 学习互补对称功率放大器输出功率、效率的测量方法，加深对互补对称功率放大器工作原理的理解。

2. 观察互补功率放大器的交越失真现象，了解克服交越失真的方法。

2.9.2　原理说明

1. 互补对称功率放大器

功率放大器和电压放大器所要完成的任务是不同的，电压放大器的主要要求是在负载得到不失真的电压信号，讨论的主要指标是电压放大倍数、输入电阻和输出电阻等，输出功率并不一定大。而功率放大器则不同，它主要的要求是获得不失真（或较小失真）的输出功率，讨论的主要指标是输出功率、电源提供的功率，由于要求输出功率大，因此电源消耗的功率也大，就存在效率指标。

1）简单的互补对称功率放大器（也称 OCL 电路）：如图 2-45 所示，电路中，VT_1 和 VT_2 管分别为 NPN 型管和 PNP 型管，当输入信号处于正弦信号正半周时，VT_2 管截止，VT_1 管承担放大作用，有电流通过负载 R_L；当输入信号处于正弦信号负半周时，VT_1 管截止，VT_2 管承担放大作用，仍有电流通过负载 R_L，输出电压 u_o 为完整的正弦波。这种互补对称电路实现了在静态时管子不取电流，由于电路对称，所以输出电压 $u_o = 0$，而在有信号时，VT_1 管和 VT_2 管轮流导电，组成推挽式电路。图 2-45 所示的偏置电路是克服交越失真的一种方法，静态时，在二极管 VD_1、VD_2 上产生的压降为 VT_1 管和 VT_2 管提供了适当的偏压，使之处于微导通状态。

2）输出功率 P_o：输出功率用输出电压有效值 V_o 和输出电流有效值 I_o 的乘积来表示，设输出电压的幅值为 V_{om}，则 $P_o = V_o I_o = \dfrac{V_{om}}{\sqrt{2}} \cdot \dfrac{V_{om}}{\sqrt{2} R_L} = \dfrac{1}{2} \cdot \dfrac{V_{om}^2}{R_L}$。若忽略管子的饱和压降，其最大输出功率为 $P_{om} \approx \dfrac{1}{2} \cdot \dfrac{V_{CC}^2}{R_L}$。

3）直流电源提供的功率 P_V：当 $u_i = 0$ 时，$P_V = 0$；当 $u_i \neq 0$ 时，$P_V = \dfrac{2 V_{CC} V_{om}}{\pi R_L}$，当输出电压幅值达到最大，即 $V_{om} \approx V_{CC}$ 时，直流电源提供的最大功率为 $P_{Vm} = \dfrac{2 V_{CC}^2}{\pi R_L}$。

4）根据效率的定义，在理想情况下为 $\eta = \dfrac{P_o}{P_V} = \dfrac{\pi}{4} \cdot \dfrac{V_{om}}{V_{CC}}$，当 $V_{om} \approx V_{CC}$ 时，则 $\eta = \dfrac{P_o}{P_V} = \dfrac{\pi}{4}$ $= 78.5\%$，实际上由于管子的饱和压降，实际效率比这个数值要低些。

5）集成运放与晶体管组成的 OCL 功率放大器：如图 2-46 所示，它是很实用的音响功率放大电路。其中运放 A 组成驱动器，晶体管 $VT_1 \sim VT_4$ 组成复合式互补对称电路。R_L 是音响的扬声器。交流信号的工作过程与简单的互补对称功率放大器类似。

2. 实验设备

数字扫频信号发生器、双踪示波器、交流毫伏表、万用表。

2.9.3　实验内容

1. 简单的 OCL 电路

1）按图 2-45 所示电路接线，经检查无误后接通直流电源。

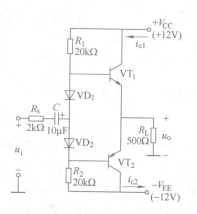

2）静态测试：按表 2-30 要求的静态值内容，测量电路的静态工作点，并填入表中。

3）动态测试：输入端输入频率 1kHz、有效值 1V 的正弦信号 u_i；用示波器观察输出电压 u_o 的波形。

逐步增大输入信号的幅度，直至输出电压幅度最大，而无明显失真时为止。这时为最大不失真电压。用交流毫伏表分别测出这时 U_i 和 U_o 的值，填入表 2-30 中。

根据公式算出最大不失真输出功率 P_o。（**注意**：式中 V_o 为最大不失真输出电压的有效值）。

图 2-45　简单的 OCL 电路

输出仍保持为最大不失真电压，这时在电路中串入直流电流表测量 I_{C1}，电流表测得的电流即为电源 $+V_{CC}$ 给 VT_1 管提供的平均电流，由于电路对称，$-V_{EE}$ 给晶体管 VT_2 提供的电流 I_{C2} 与 I_{C1} 相等。根据 V_{CC} 和 I_{C1} 可算出两个电源提供的总功率：$P_V = 2V_{CC}I_{C1}$。由 P_o 和 P_V 可得出 OCL 电路在 U_o 为最大不失真输出时的效率 η。

4）去掉二极管 VD_1、VD_2，将晶体管 VT_1 和 VT_2 的基极直接相连，用示波器观察 u_o 的波形，可看到输出波形出现交越失真，画失真的波形于坐标图 2-47 中。

2. 集成运放与晶体管组成的 OCL 功率放大器

1）按图 2-46 所示电路接线。

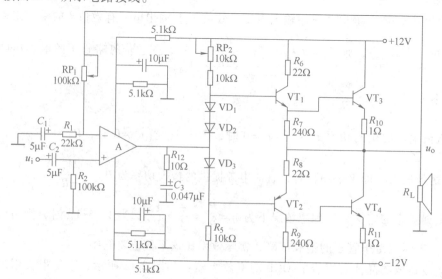

图 2-46　集成运放与晶体管组成的 OCL 功率放大器

2）静态测试：验证静态时功率放大器的输出端对地电位应为 0，即验证静态时运算放大器的输出 $U_0 = 0$。电路的静态工作点主要由 I_0 决定，I_0 过小会使晶体管 VT_2 和 VT_4 工作在乙类状态，输出信号会产生交越失真，I_0 过大会增加静态功耗使功率放大器效率降低。可调节电位器 RP_2，使 $I_0 = 1 \sim 2mA$，以使晶体管 VT_2 和 VT_4 工作在甲乙类状态。

3）动态测试：将功率放大器输入端 u_i 输入 1kHz 交流信号，用示波器观察输出电压 u_o 的波形。

逐步增大输入信号的幅度，直至输出电压幅度最大，而无明显失真时为止。

输出信号如产生交越失真，可调节细微电位器 RP_2。

输出信号如产生高频自激时，可改变 R_{12}、C_3 的取值，R_{12}、C_3 称为消振网络，一般 R_{12} 为几十欧，C_3 为几千皮法至几百微法。

调节电位器 RP_1，可改变负反馈的深度，观察输出电压的波形有何变化。调出最大不失真电压，用交流毫伏表分别测出这时 U_i 和 U_o 的值。

2.9.4　实验总结报告分析提示

1. 通过实验总结整理实验数据。
2. 分析产生交越失真的原因及解决方法。
3. 对实验中观察到的问题作出回答和解释。
4. 自拟测量集成运放与晶体管组成的 OCL 功率放大器的数据表格。

2.9.5　预习要求

1. 复习互补对称功率放大器的工作原理，阅读本实验内容。
2. 复习乙类互补对称功率放大器产生交越失真的原因及其克服方法。
3. 了解互补对称功率放大器输出功率 P_o、直流电源提供的功率 P_V、效率 η 的计算方法。

✄ 姓名：_____ 学号：_____ 班级：_____ 组号：_____ 同组同学：_____

实验原始数据记录

步骤 1：

表 2-30   OCL 电路指标测试

静 态 值			动 态 值					
U_{BEQ1}/V	U_{BEQ2}/V	U_{EQ}/V	U_i/V	U_o/V	计算值 P_o/W	I_{C1}/A	计算值 P_V/W	计算值 η/%

计算过程：

步骤 2：

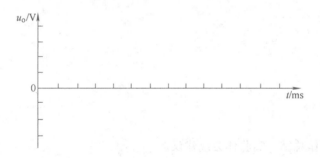

图 2-47   画出现交越失真的波形

实验记录：

_____

_____

_____

_____

_____

_____

_____

_____

实 验 总 结

1. 分析产生交越失真的原因及解决方法。

2. 对实验中观察到的问题作出回答和解释。

3. 自拟测量集成运放与晶体管组成的 OCL 功率放大器的数据表格。

4. 本次实验操作总结、实验体会或建议。

第3章　模拟电子技术综合性设计实验

模拟电子技术是一门实践性很强的课程，也就是说明白一个电路的工作原理、可以分析预测出电路输入输出的对应关系并不意味着在实际搭建调试过程中不会遇到新的问题。本章的综合性设计实验是为了提高学生的实践技能而设置的，可以要求学生在课内完成，也可以要求其在课外完成；可以用仿真软件来实现，有条件的也可以用实际元器件进行搭建并调试。其中流水彩灯电路的设计着重晶体管的应用，旨在培养学生电子技术基本的实践技能；三角波电路的设计、温度监测及控制电路的设计是侧重集成运算放大器的应用，旨在培养学生综合设计电路的能力，让他们在设计调试过程中学会分析解决出现的各种问题，这些实验只是给出了参考原理图，设计答案不唯一。

3.1　流水彩灯电路的设计

3.1.1　实验目的

1. 了解晶体管和发光二极管的工作状态，学习用晶体管设计简单实用电路。
2. 通过设计简易的流水彩灯电路，学会用仿真软件进行调试和运行。
3. 掌握硬件电路搭建过程中的基本实践技能(有硬件实现条件的)。

3.1.2　实验原理

"流水彩灯"实际上是无稳态电路的拓展。无稳态电路一般只有两级——两个晶体管和一些阻容元件组成，这里拓展到五级，可以更好地模拟"流水"的效果。具体的电路结构如图 3-1 所示。

1. 晶体管的"开关"作用

晶体管是非线性器件，根据它的输入输出特性曲线可以知道：晶体管处于放大区，它能够完成以"小"控"大"的电流放大作用；除此之外，它还可以当作"开关"来使用。即当晶体管在饱和导通(发射结和集电结都是正偏置)时，其 c、e 极间电压很小，如图 3-2 所示，比 PN 结的导通电压还要低(硅管在 0.5V 以下)，此时 c、e 极间近似相当于"短路"，即呈现开关"闭合"的状态。当晶体管在截止状态(发射结、集电结都是反偏置)时，基极电流为 0，集电极电流近似为 0，此时晶体管相当于开关的"断开"状态。

2. 发光二极管

发光二极管也是一种电流器件，当有一定大小的电流流过它的两极，它就会发光，不同的半导体材料决定发光二极管发出不同颜色的光。一般来说，当流过发光二极管的电流为 10～20mA 时，它就会发光。由于人的视力特点和半导体材料关系，在相同的电流条件下，红色发光二极管看上去比较亮，而绿色和黄色比较暗。

现在将发光二极管和晶体管连接起来，如图 3-3 所示。

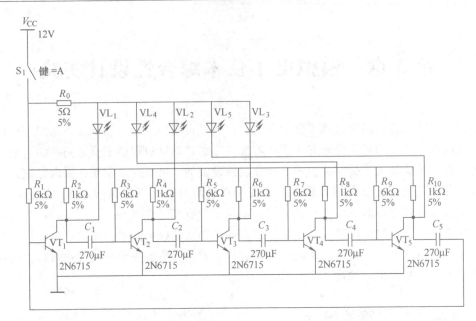

图 3-1　流水彩灯电路原理图

发光二极管接在晶体管的集电极 c 极，那么基极电流 I_b 就可以控制发光二极管的亮与灭了；基极电流 I_b 只要有 $2 \sim 3\text{mA}$ 的电流流过，发光二极管就有足够的电流使它发光；如果 $I_b = 0$ 时，发光二极管自然就熄灭了。实际电路中，发光二极管应该串联一个限流电阻。

图 3-2　晶体管的工作状态

3. 无稳态电路

当图 3-1 所示的电路刚一接通电源，五个晶体管就会争先导通，但由于晶体管自身的差异，只能有一只管子最先导通。

1）假如 VT_1 最先导通，那么 VT_1 集电极电压下降，发光二极管 VL_1 就会发光，同时使电容 C_1 的左端接近零电压，由于电容器两端的电压不能突变，所以 VT_2 基极也被拉到近似零电压，使 VT_2 截止。因为 VT_2 集电极为高电压，那么接在它上面的发光二极管 VL_2 不亮。此刻 VT_2 集电极上的高电压通过电容器使 VT_3 基极电压升高，晶体管也将迅速导通，VT_3 集电极电位下降，发光二极管 VL_3 被点亮。电容 C_3 电压不能突变，VT_4 的基极电压很低，使 VT_4 截止，VT_4 集电极高电位，发光二极管 VL_4 不亮。VT_4 集电极高电位通过电容 C_4 使 VT_5 基极电压升高，VT_5 导通，发光二极管 VL_5 被点亮。

2）随着 VL_5 的点亮，VT_1 的基极电压降低，VT_1 截止，发光二极管 VL_1 熄灭。晶体管 VT_2 基极电压逐渐升高，VT_2 由截止状态变为导通状态，集电极电压下降，发光二极管 VL_2 变亮。此时晶体管 VT_2 集电极电压的下降通过电容器 C_2 的作用使晶体管 VT_3 的基极电压也下跳，VT_3 由导通变为截止。接在 VT_3 集电极上的发光二极管 VL_3 就

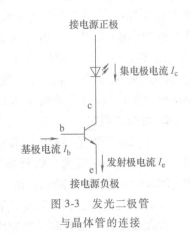

图 3-3　发光二极管与晶体管的连接

熄灭了。以此类推，发光二极管 VL_4 被点亮，VL_5 熄灭。

3）然后 VL_1 再次被点亮，VL_2 熄灭，VL_3 点亮，VL_4 熄灭，VL_5 点亮；如此循环下去，电路中 5 个晶体管交错地处于截止和导通状态，对应的 5 个发光二极管就不断地被点亮然后熄灭，从而实现了"流水"的效果。发光二极管循环的速度取决于电路中电容的大小。

在这个电路的工作原理中有三个关键点需要注意：

1）晶体管在工作时处于截止和饱和两种状态的不断转换之中。

2）只有与晶体管导通状态相对应的那支发光二极管才会被点亮。

3）发光二极管谁优先被点亮是随机的，取决于 5 个结构完全相同的电路在一定条件差异下的竞争。

3.1.3　实验内容

1. 按照图 3-1 接好流水彩灯的电路，检查电路的接线是否正确，然后接通电源，观察是否出现交错点亮和熄灭的流水彩灯效果。

2. 改变电容的大小，观察发光二极管被点亮和熄灭的频率是否发生变化。

3.2　集成运算放大器综合设计应用——三角波电路

3.2.1　实验目的

1. 运用已学过的各种运算放大器组成的基本电路，学习综合设计应用。

2. 掌握多个运算放大器组成电路的调试方法。

3.2.2　设计原理提示

三角波发生电路可采用方波发生器和反相积分器组合，将方波输入到反相积分器来实现。

3.2.3　实验内容

1. 设计电路图

按图 3-4 设计完成的三角波发生电路图接线。

2. 电路调试

1）调节电位器，同时观察方波输出 u_{o1} 和积分输出 u_{o2} 的波形，在调节过程中，两个波形不能出现失真。

2）当三角波不能满足幅值在 $0 \sim \pm 4V$ 间连续可调，周期在 $2 \sim 3ms$ 间连续可调时，要调整设计元件参数，使其满足要求。

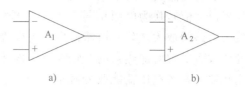

a)　　　　　　　　　　b)

图 3-4　设计完成三角波发生器电路图

3）调节三角波幅值为 $\pm 2V$，周期 $2ms$，将方波输出 u_{o1} 和积分输出 u_{o2} 对应的波形画在图 3-5 中。

3.2.4 实验总结报告分析提示

1）总结实验过程中出现的问题及排除方法。

2）思考题：设计三角波发生器电路中使用两个电位器的作用是什么？

3.2.5 预习要求

1. 设计完成三角波发生电路图 3-4，仅提供两个运算放大器，设计电路元件采用模拟电路实验中的元件（包括 4.7kΩ 和 100kΩ 电位器各一个）。要求三角波幅值在 ±4V 间可调，周期在 2～3ms 间可调。

2. 提示：方波发生器可参考图 2-25，反相积分运算电路可参考图 2-19。在方波输出端 u_{o1} 可考虑采用电阻分压电路（用 100kΩ 电位器），使幅值可调。

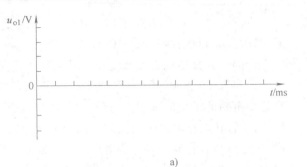

a)

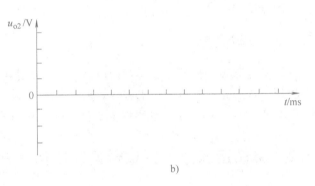

b)

图 3-5 画实验中方波和三角波波形图

3.3 温度监测及控制电路的设计

3.3.1 实验目的

1. 了解桥式测量电路的构成，掌握差动输入结构的集成运放电路。
2. 掌握滞回电压比较器的电路构成和传输特性。
3. 初步掌握系统设计的方法和简单实用电路的调试。

3.3.2 原理说明

要实现温度的测量，首先需要有温度传感器，这里采用具有负温度系数的热敏电阻将外界温度值转换为电阻信号；然后用桥式测量电路将电阻信号转换为电压值；经过仪用放大电路的放大之后，由滞回电压比较器输出"加热"与"停止"的控温信号；最后经晶体管放大后实现对加热器的"加热"与"停止"动作。实验电路如图 3-6 所示，其中改变滞回比较器的参考电压就能改变控制温度的大小，控温的精度是由比较器的阈值差即滞回宽度决定的。

下面具体介绍电路各个组成部分的工作原理：

1. 桥式测量电路

测温电桥由四个桥臂 R_1、R_2、R_3、RP_1 及 R_t 组成，其中 R_t 是热敏电阻。它的电阻值随温度呈线性变化且具有负温度系数。由于热敏电阻的温度系数与流过它的工作电流有关，所

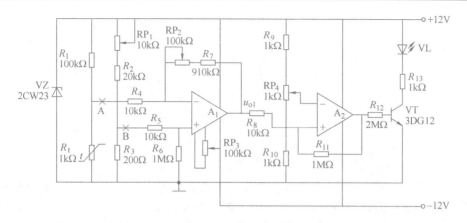

图 3-6　温度监测及控制电路的实验原理图

以为了达到稳定温度系数的目的，从而稳定 R_t 的工作电流，在电路中增加了稳压管 VZ，电位器 RP_1 可以调节电桥的平衡。

2. 差动输入结构的集成运放电路

集成运放 A_1 组成的差动结构放大电路将电桥的输出电压 ΔU 进行放大。其输出电压为

$$U_{o1} = -\left(\frac{R_7 + R_{RP2}}{R_4}\right)U_A + \left(\frac{R_4 + R_7 + R_{RP2}}{R_4}\right)\left(\frac{R_6}{R_5 + R_6}\right)U_B \qquad (3-1)$$

当 $R_4 = R_5$，$(R_7 + R_{RP2}) = R_6$ 时，有

$$U_{o1} = -\frac{R_7 + R_{RP2}}{R_4}(U_A - U_B) \qquad (3-2)$$

R_{RP3} 用于差动放大电路的调零。

3. 滞回电压比较器

集成运放 A_2 组成滞回比较器，差动放大电路的输出 U_{o1} 经由滞回比较器实现与参考电压 U_R 相比较。滞回电压比较器的单元电路如图 3-7 所示。

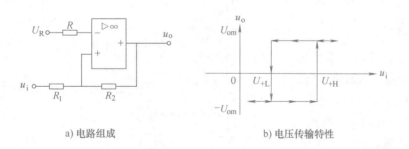

a) 电路组成　　　　　　　　　　　b) 电压传输特性

图 3-7　同相滞回比较器

根据电压比较器阈值电压的定义，可以写出下面的方程组：

$$\begin{cases} \dfrac{R_2}{R_1 + R_2}U_{+H} - \dfrac{R_1}{R_1 + R_2}U_{om} = U_R \\[2mm] \dfrac{R_2}{R_1 + R_2}U_{+L} + \dfrac{R_1}{R_1 + R_2}U_{om} = U_R \end{cases} \qquad (3-3)$$

式中：U_{+H} 和 U_{+L} 分别是上限阈值和下限阈值；求解方程组可以得到

$$\begin{cases} U_{+H} = \dfrac{R_1 + R_2}{R_2} U_R + \dfrac{R_1}{R_2} U_{om} \\[3mm] U_{+L} = \dfrac{R_1 + R_2}{R_2} U_R - \dfrac{R_1}{R_2} U_{om} \end{cases} \tag{3-4}$$

这两者的差值称为门限宽度或者回差，即

$$\Delta U_T = 2 \frac{R_1}{R_2} U_{om} \tag{3-5}$$

它可以通过调整 R_1/R_2 的比值来改变门限宽度。

上述分析表明，当 A_2 的同相输入端即差动放大电路的输出 U_{o1} 大于反相输入端即参考电压 U_R 时，A_2 输出正向饱和电压，晶体管 VT 饱和导通，通过发光二极管 VL 的发光情况，显示负载此时的工作状态为"加热"。反之，当同相电压 U_{o1} 小于反相电压 U_R 时，A_2 输出负向饱和电压，晶体管 VT 截止，发光二极管 VL 熄灭，负载的工作状态变为"停止"。调节 RP_4 可以改变参考电压的大小，从而改变了阈值电压的大小，达到调整设定温度的目的。

3.3.3　实验内容与步骤

按照图 3-6 进行元器件和电路的连接，各单元电路之间暂不连通，以方便单级的调试；当每个电路组成部分测试成功后，再进行整体的调试。

1. 差动输入结构的放大电路

按照图 3-8 所示搭建硬件电路，这个电路可以实现差动比例运算。

实验步骤如下：

1）运放调零：将 A、B 两端对地短接，调节 RP_3 使输出 $U_{o1} = 0$。

2）将 A、B 两端分别接入不同的直流电压：当 $R_4 = R_5$，$(R_7 + R_{RP2}) = R_6$ 时，有

$$U_{o1} = -\frac{R_7 + R_{RP2}}{R_4}(U_A - U_B) \tag{3-6}$$

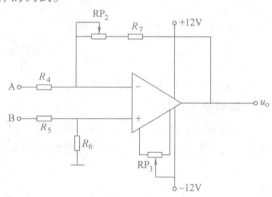

图 3-8　差动输入结构的放大电路

调试过程中要注意输入端所加直流信号不宜太大，以免集成运放进入饱和区。

3）将 B 点接地，A 点接入频率为 100Hz、有效值为 10mV 的正弦波信号，用示波器观察输出波形；在输出不失真的情况下，用交流毫伏表测量输入/输出电压的有效值，计算此时的放大倍数 A。

2. 滞回电压比较器的调试

滞回比较器电路如图 3-9 所示。

实验步骤如下：

1）测量比较器上限和下限阈值电压：首先给定电路的参考电压 U_R：调节

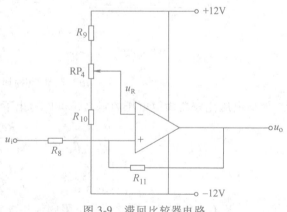

图 3-9　滞回比较器电路

RP_4，使 $U_R = 2V$。将可变的直流信号加入比较器的同相输入端。比较器的输出电压 U_o 送入示波器的 Y 输入端；示波器的输入耦合方式开关置于"DC"模式，X 轴的扫描触发方式开关置于"自动"模式。按照递增和递减两种方式依次改变直流输入信号的大小，从示波器上观察到当输出电压 U_o 跳变时所对应的输入值 U_i，即为上限和下限阈值电压。

2）测量滞回比较器的电压传输特性：将频率为 100Hz、电压幅度为 3V 的正弦波信号加入比较器的同相输入端，同时将此信号作为示波器 X 轴的扫描信号；比较器的输出信号接入示波器的 Y 轴输入端。微调正弦波信号的大小，可以从示波器屏幕上观察到完整的电压传输特性，记录在图 3-10 的坐标中。

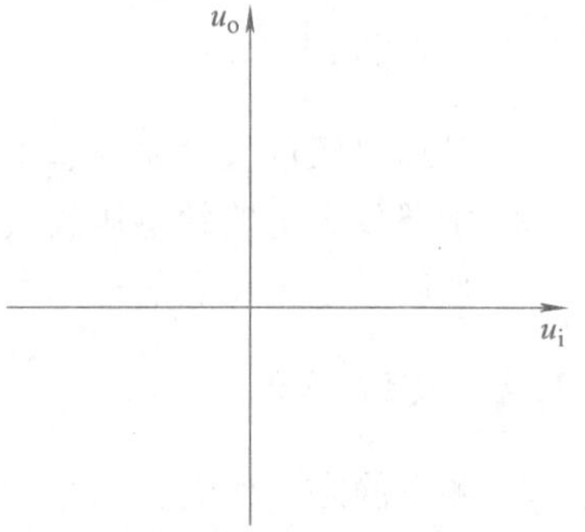

3. 电路整体性能的测试

实验步骤如下：

1）按图 3-6 连接各级电路（注意：可调元器件 RP_1、RP_2、RP_3 不能随意再变动，否则需要重新完成前面的实验内容）。

2）用加热器给热敏电阻升温，直至发光二极管被点亮，记下此时的温度值 t_1 和 U_{o1} 的值。

3）让热敏电阻自然冷却，记下发光二极管熄灭时的温度值 t_2 和 U_{o2} 的值。

图 3-10　滞回比较器的
测试电压传输特性

4）改变控制温度 T（改变参考电压 U_R），重复以上实验内容，记录相应的实验数据，并将数据填入表 3-1 中。

表 3-1　实验记录表

设定电压/V	参考电压 U_R			
动作温度/℃	温度值 t_1			
	温度值 t_2			
动作电压/V	电压值 U_{o1}			
	电压值 U_{o2}			

3.3.4　实验报告总结

1. 根据实验数据，画出有关的实验曲线。
2. 记录总结实验中出现的故障，写出原因分析及排除方法。

第4章 模拟电子技术仿真实验

4.1 共射极单管放大电路

4.1.1 实验目的

1. 掌握单级放大电路静态工作点的测量方法与调整方法。
2. 掌握放大电路的电压放大倍数的测量方法。
3. 理解静态工作点的选择对输出波形及电压放大倍数的影响。

4.1.2 实验要求

1. 测量静态工作点。
2. 测量电压放大倍数、输入电阻与输出电阻。
3. 测量幅频特性，找出上限频率与下限频率。
4. 用示波器观察输入与输出电压波形，观察输出波形的失真现象。

4.1.3 实验电路图

按照电路图 4-1 所示调用元器件并连接电路构成分压式偏置共射放大电路[⊖]。

4.1.4 实验内容

1. 调整静态工作点

空载情况下，在分压式偏置共射放大电路输入端输入有效值 10mV、频率为 1kHz 的正弦电压信号（$U_i' = 10\text{mV}$，$f = 1\text{kHz}$），输入信号由信号发生器供给（虚拟信号发生器产生信号的幅值是峰值，现实中信号发生器产生信号幅值是有效值，注意两者的区别），并在电路的输入端和输出端接上双踪示波器，静态工作点测试电路如图 4-2 所示。

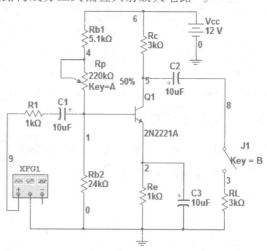

图 4-1 分压式偏置共射放大电路

调电位器 RP 的百分比，用万用表的直流电压挡和直流电流挡分别测量 U_{BE}、U_{CE}、I_B、I_C，观察 RP 对静态工作点的影响，同时用示波器观察 u_o 的波形。以 u_o 的波形幅值最大而又不失真为准，即调出合适的静态工作点，记录静态工作点。静态工作点调好后，就不要轻易改变 RP 的值。

⊖ 为与仿真软件 Multisim10 显示一致，本章电路图均使用软件原图。

还可以用直流分析法测量静态工作点的电压值，启动 Simulate 菜单中的 Analysis 下的 DC Operating Point 命令，选择晶体管的 B、C、E 节点作为仿真节点可以获得 V_B、V_E、V_C 的值，与通过最大不失真波形得出的静态工作点对比是否一致。

2. 动态参数

（1）电压放大倍数 A_u　保持已调好的合适静态工作点不变，仍由信号发生器提供一个 $U_i' = 10\text{mV}$、$f = 1\text{kHz}$ 的正弦波信号加到放大电路的输入端，如图 4-3 所示。用双踪示波器同时观察并记录 u_i'、u_o 的波形，注意二者的相位关系（观察波形时二者时间坐标必须对齐）。用万用表的交流电压挡分别测出输入输出信号的有效值 U_i 和 U_o，将实测数据填入表 4-1 中，并计算电压放大倍数 A_u。

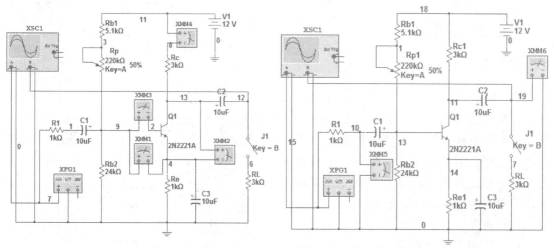

图 4-2　静态工作点测试电路　　　　图 4-3　动态参数测量电路

注意：在测量电压放大倍数时，要测量两种情况下的电压放大倍数：一种是放大电路空载情况；另一种是放大电路带负载 R_L 的情况（$R_L = 3\text{k}\Omega$），以便二者进行比较。

（2）输入电阻 r_i 和输出电阻 r_o　根据表 4-1 中数据，用公式 $r_i = \dfrac{U_i}{I_i} = \dfrac{U_i}{U_i' - U_i}R_s$ 和 $r_o = \dfrac{U_{oo} - U_{oL}}{I_o} = \dfrac{U_{oo} - U_{oL}}{U_{oL}}R_L$ 计算输入电阻 r_i 和输出电阻 r_o。

表 4-1　测量放大器的动态参数

测量项目 工作条件	实测数据			计算数据		
	U_i'/mV	U_i/mV	U_o/mV	A_u	$r_i/\text{k}\Omega$	$r_o/\text{k}\Omega$
空载	10					
负载	10					

另外，电路的输入电阻和输出电阻还可以根据电路图 4-4 得到，用万用表交流档测量 U_i、I_i，计算输入电阻 $r_i = U_i/I_i$。把输入端信号源去掉，在输出端负载开路，加入正弦波信号源，测量 U_o、I_o，计算输入电阻 $r_o = U_o/I_o$。与上面的方法进行对比数据是否一致。

3. 频率特性的测量

频率特性测量电路如图 4-5 所示，对波特图仪的控制面板进行设置，设定垂直轴的终值 $F = 100\text{dB}$，初值 $I = -200\text{dB}$，水平轴终值 $F = 1\text{GHz}$，初值 $I = 1\text{mHz}$ 且垂直轴和水平轴的坐

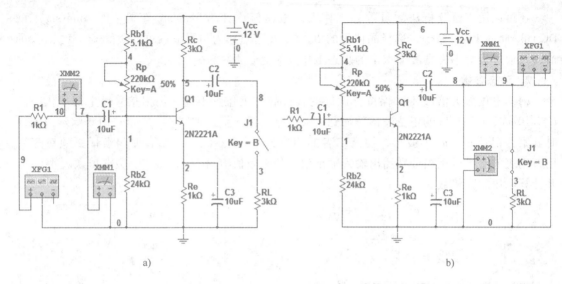

图 4-4　输入电阻和输出电阻测量电路

标全设为对数方式（lg），观察幅频特性曲线。用控制面板上的右移箭头将游标移到中频段，可以得出电压放大倍数，然后再左右移动游标找出电压放大倍数下降 3dB 时所对应的两处频率即下限频率 f_L 和上限频率 f_H，两者之差即为通频带 BW。

　　还可以用交流分析法测量电路的上限频率和下限频率，启动 Simulate 菜单中的 Analysis 下的 AC Analysis 命令，Output 选项卡选定输出节点为分析节点。单击 Simulate 按钮得出交流结果图，测试结果给出电路输出节点的幅频特性曲线和相频特性曲线，单击图标弹出分析读数指针。利用读数指针可以得到低频截止频率 f_L、高频截止频率 f_H 和通频带 BW。

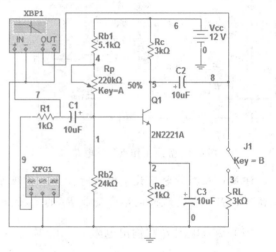

图 4-5　频率特性测量电路图

4. 输出波形失真

　　把双踪示波器的 A 通道和 B 通道分别接入放大电路的输入端和输出端，测量电路如图 4-3 所示。改变电位器 RP 的阻值，可以观察到输出波形的截止失真和饱和失真。

　　1）将 RP 调到较小值 5%，用虚拟示波器观察 u_o 波形，将观察到的波形记录下来并解释。

　　2）将 RP 调到较大值 90%，用示波器观察 u_o 波形，将观察到的波形记录下来并解释。

　　3）将 RP 调到 30%，用示波器观察 u_o 波形，并和失真波形对比。

4.1.5　思考题

　　1. 如何从静态工作点的分析结果中，判断放大电路的静态点是否合适。

　　2. 将理论结果与仿真数据相比较，分析产生误差的原因。

　　3. 分析静态工作点的变化对放大电路输出波形的影响。

4. 不同的 Multisim 分析方法得出的结论是否相同。

4.2　场效应晶体管电路

场效应晶体管是一种电压控制型器件，分为结型和绝缘栅型两种不同的结构，场效应晶体管是单极型器件，在工业上得到广泛的应用。场效应晶体管组成的放大电路也分三种组态，但常用共源极电路。

4.2.1　实验目的

1. 了解场效应晶体管放大电路组成和工作原理。
2. 掌握场效应晶体管放大电路静态工作点及动态性能指标的测试方法。

4.2.2　实验要求

1. 分析场效应晶体管的转移特性。
2. 测量静态工作点。
3. 测量电压放大倍数、输入电阻和输出电阻。

4.2.3　实验电路图

按照栅极分压式共源极放大电路如图 4-6 所示，调用元器件连接电路构成栅极分压式共源极放大电路。

4.2.4　实验内容

1. 场效应晶体管转移特性分析

场效应晶体管转移特性是指在 u_{DS} 为定值的条件下，u_{GS} 对 i_D 的控制特性，即 $i_D = f(u_{GS}) \mid_{u_{DS}=常数}$。

按图 4-7 所示连接 N 沟道耗尽型场效应晶体管转移特性仿真分析电路，启动 Simulate 菜单中的 Analysis 下的 DC Sweep（直流扫描分析）命令。在对话框 Analysis Parameters 选项中选择所要扫描的直流电压 $U_{GS}(V_2)$，由于源极的电阻 $R_s = 1\Omega$，其上的电压降可以表示源极电流（漏极电流 i_D），在 Output 选项中选节点 2 为待分析的电路节点。设置所要扫描的直流电压 $U_{GS}(V_2)$ 的初始值为 0，终止值为 4.5V。单击 Simulate 仿真即可得到场效应晶体管的转移特性曲线，读出开启电压 $U_{GS(th)}$ 和 I_D（$u_{GS} = 2U_{GS}$时的 i_D）。

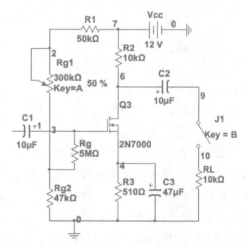

图 4-6　栅极分压式共源极放大电路

2. 测量静态工作点

空载情况下，在栅极分压式共源极放大电路的输入端加正弦电压（$U_i = 5\text{mV}$，$f = 1\text{kHz}$），输入信号由信号发生器供给，静态工作点测试电路如图 4-8 所示。

调节 R_{g1} 的百分比 50%，用万用表的直流电压挡分别测量电路的 U_G、U_D、U_S。此时 U_{DS}

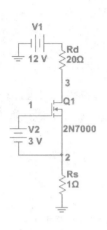

图 4-7 场效应晶体管转移特性分析电路

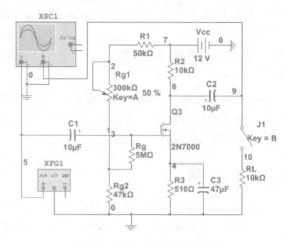

图 4-8 静态工作点测试电路

基本为 $1/2U_{CC}$，静态工作点基本处于恒流区中间部分，是比较合适的静态工作点，记录静态工作点 U_G、U_D、U_S，并计算 U_{GS}、U_{DS}、I_D。

另外，还可以用直流分析法测量静态工作点的电压值，启动 Simulate 菜单中的 Analysis 下的 DC Operating Point 命令，选择晶体管的 G、D、S 节点作为仿真节点可以获得 U_G、U_D、U_S 的值。

3. 动态参数

（1）测量电压放大倍数 A_u　由信号发生器提供一个 $f = 1\text{kHz}$、$U_i = 5\text{mV}$ 的正弦波信号加到放大电路的输入端。用双踪示波器同时观察 u_i、u_o 的波形，在波形不失真的情况下，用万用表的交流电压挡分别测出 u_i、u_o 的有效值，如图 4-9 所示，将实测数据填入表 4-2 中，并计算电压放大倍数 A_u。

注意：在测量电压放大倍数时，要测两种情况下的电压放大倍数：一种是放大电路空载情况；另一种是放大电路带负载 R_L 的情况（$R_L = 10\text{k}\Omega$），以便对二者进行比较。

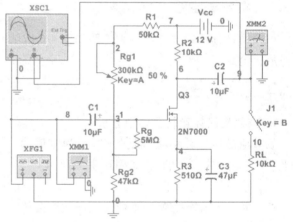

图 4-9 放大倍数测量电路图

当 R_{g1} 增大到 60% 时，观察输出波形的变化，此时是 U_{GS}、I_D 减小，U_{DS} 增大，$|A_u|$ 减小，由此说明 R_{g2} 和 R_g 不变时，调整电路参数增大 I_D 是提高电路电压放大能力的有效办法。需要注意的是，在调整 R_{g1} 时，要始终保持场效应晶体管工作在恒流区，保证输出信号不失真。

（2）输出电阻 r_o　根据表 4-2 中的数据，用公式 $r_o = \dfrac{U_{oo} - U_{oL}}{I_o} = \dfrac{U_{oo} - U_{oL}}{U_{oL}} R_L$ 计算输出电阻 r_o。

（3）输入电阻 r_i　在输入电阻的测量原理上，也可以使用与晶体管一样的测量方法，但是由于场效应晶体管的输入电阻比较大，这样会带来比较大的误差。为了减小误差，常利

表 4-2　测量放大器的交流电压放大倍数

测量项目 工作条件	实测数据			计算数据	
	U_i'/mV	U_i/mV	U_o/mV	A_u	$r_o/\text{k}\Omega$
空载	5				
负载	5				

用放大电路的隔离作用，通过测量输出电压来计算输入电阻，输入电阻测量电路如图 4-10 所示。

由信号发生器提供一个 $f = 1\text{kHz}$、$U_i = 5\text{mV}$ 的正弦波信号加到放大电路的输入端。将开关 X_1 连接到上端，测出 $R_4 = 0$ 时的输出电压 U_{o1}；保持输入信号不变，将开关 X_1 连接到下端，测量 $R_4 = 500\text{k}\Omega$ 时的输出电压 U_{o2}，根据公式 $r_i = U_{o2}R/(U_{o1} - U_{o2})$ 计算输入电阻。

4. 频率特性的测量

频率特性测量电路如图 4-11 所示，对伯德图仪的控制面板进行设置。设定垂直轴的终值 $F = 100\text{dB}$，初值 $I = -200\text{dB}$，水平轴终值 $F = 1\text{GHz}$，初值 $I = 1\text{mHz}$ 且垂直轴和水平轴的坐标全设为对数方式（lg），观察幅频特性曲线。用控制面板上的右移箭头将游标移到中频段，可以得出电压放大倍数，然后再左右移动游标找出电压放大倍数下降 3dB 时所对应的两处频率及下限频率 f_L 和上限频率 f_H，两者之差即为通频带 BW。

另外，还可以用交流分析法测量电路的上限频率和下限频率，启动 Simulate 菜单中的 Analysis 下的 AC Analysis 命令，Output 选项卡选定输出节点为分析节点。单击 Simulate 按钮得出交流结果，测试结果给出电路输出节点的幅频特性曲线和相频特性曲线，单击图标弹出分析读数指针。利用读数指针可以得到低频截止频率 f_L、高频截止频率 f_H 和通频带 BW。

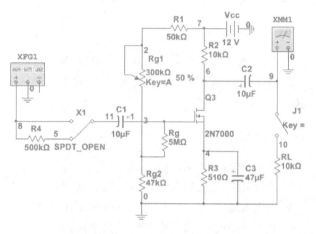

图 4-10　输入电阻测量电路图

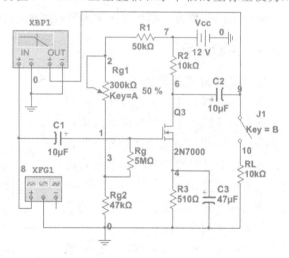

图 4-11　频率特性测量电路

4.2.5　思考题

1. 场效应晶体管共源极放大电路的偏置电路与晶体管共射放大电路的偏置电路有何异同？

2. 为什么一般不能用万用表的直流电压挡测量场效应晶体管的 U_{GS}？

3. 场效应晶体管共源极放大电路的源极电阻有何作用?

4.3　多级放大电路

基本放大电路的放大倍数通常只能达到几十倍至几百倍，在要求放大倍数更高时，就要由多个单级电路级连成多级放大电路。对耦合电路的要求：不但保证放大电路对通频带内信号的有效传输，还要保证各放大级的正常工作，不能破坏各放大级的静态工作点。

4.3.1　实验目的

1. 熟悉两级直接耦合放大电路静态工作的测试方法。
2. 掌握两级直接耦合放大电路电压放大倍数、输入电阻和输出电阻及频率特性的测量方法。

4.3.2　实验要求

1. 测量静态工作点。
2. 测量电压放大倍数、输入电阻和输出电阻。
3. 测量幅频特性，求出上限频率和下限频率。
4. 用示波器观察输入电压与输出电压的波形。

4.3.3　实验电路图

分压式偏置放大电路和射极输出器两级连接电路，如图 4-12 所示。

4.3.4　实验内容

1. 静态工作点的测量

由于直接耦合放大电路各级之间静态工作点相互影响，一般情况下应该通过 Multisim 10 设置各级合适的静态工作点，然后再搭建电路调试。本书在直接给出电路图的基础上，用 Multisim10 中的直流工作点分析方法，选择合适的节点，分析电路的静态工作点。

使用直流工作点分析方法，执行菜单命令 Simulate/Analysis，选择 DC Op-

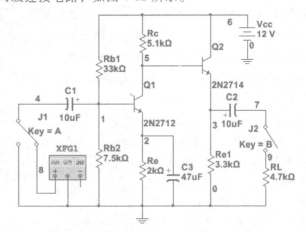

图 4-12　两级放大直接耦合电路

erating Point，即出现直流工作点分析对话框，选择 1、2、3、5、6 为分析节点，最后单击 Simulate 按钮得到相应电路节点的分析结果并记录下每级放大电路的静态工作点的 U_{BE}、U_{CE}、I_B、I_C。还可以选择使用万用表测量两级的静态工作点，并与直流工作点分析方法比较结果是否一致。

在多级放大电路中给定输入信号 $U_i = 10\text{mV}$、$f = 1\text{kHz}$ 时，用示波器观察输出信号是否失真。

2. 动态分析

（1）电压放大倍数　在合适静态工作点不变的情况下，仍由信号发生器提供一个 $U_i = 10\text{mV}$、$f = 1\text{kHz}$ 的正弦波信号加到放大电路的输入端。改变输入信号的频率，用示波器观察波形放大情况，是否出现失真。测量两级放大电路放大倍数电路如图 4-13 所示，在空载和带负载情况下用万用表交流电压挡分别测出 u_i、u_o 的有效值。根据实测数据计算电压放大倍数 A_u。

（2）输入电阻和输出电阻　输入电阻测量电路如图 4-14a 所示，

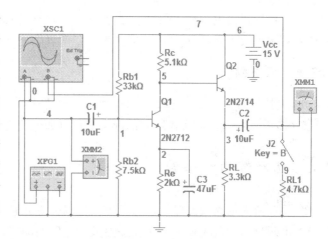

图 4-13　测量两级放大电路放大倍数电路

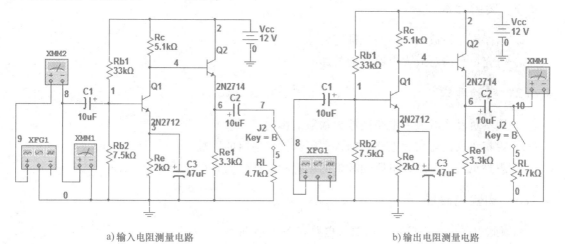

a) 输入电阻测量电路

b) 输出电阻测量电路

图 4-14　输入与输出电阻测量电路

在输入端用万用表交流电压挡和交流电流挡测出有效值 U_i 和 I_i，根据公式 $R_i = U_i / I_i$ 计算输入电阻。输出电阻测量电路如图 4-14b 所示，在输出端用万用表交流电压挡测量负载开路时，输出端电压 U_{oo} 和带负载时输出端电压 U_{oL}，根据公式 $r_o = (U_{oo} - U_{oL})R_L / U_{oL}$ 计算输出电阻。

3. 频率特性的测量

频率特性测量电路如图 4-15 所示，对波特图仪的控制面板进行设置，设定垂直轴的终值 $F = 100\text{dB}$，初值 $I = -200\text{dB}$，水平轴终值 $F = 1\text{GHz}$，初值 $I = 1\text{mHz}$ 且垂直轴和水

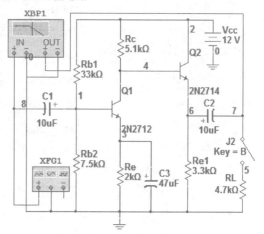

图 4-15　频率特性测量电路

平轴的坐标全设为对数方式(lg)，观察幅频特性曲线。用控制面板上的右移箭头将游标移到中频段，可以得出电压放大倍数，然后再左右移动游标找出电压放大倍数下降 3dB 时所对应的两处频率及下限频率 f_L 和上限频率 f_H，两者之差即为通频带 BW。

4.3.5　思考题

1. 直接耦合放大电路主要适用哪种输入的信号？
2. 多级阻容耦合电路各级间的静态工作点如何设定？

4.4　负反馈放大电路

负反馈放大电路按照输入的比较方式可以分为并联反馈和串联反馈，按输出取样方式可以分为电压反馈和电流反馈。负反馈对放大电路的动态性能有很大影响，本节以电压串联负反馈放大电路为例，观测负反馈对放大电路的影响。

4.4.1　实验目的

1. 掌握负反馈放大电路交流性能的测量方法。
2. 研究负反馈对放大电路性能的影响。

4.4.2　实验要求

1. 观察负反馈对放大电路的放大倍数的影响。
2. 观察负反馈对放大电路对输入电阻和输出电阻的影响。
3. 观察负反馈对放大电路通频带的影响和非线性失真的改善。

4.4.3　实验电路图

两级间引入电压串联负反馈放大电路如图 4-16 所示。

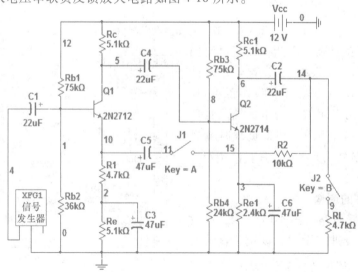

图 4-16　电压串联负反馈放大电路

4.4.4　实验内容

1. 负反馈对放大倍数的影响

由信号发生器提供 $U_i = 10\text{mV}$，$f = 1\text{kHz}$ 的正弦波输入信号加到两级放大电路的输入端，负反馈放大电路如图 4-17 所示。当开关 J_1 打开时电路处于开环状态；当开关 J_1 闭合时引入电压串联负反馈电路处于闭环状态。用万用表交流电压挡测量两种情况下输入电压和输出电压，并分别计算开环状态电压放大倍数 A_u 和闭环状态电压放大倍数 A_{uf}，分析放大倍数的变化。

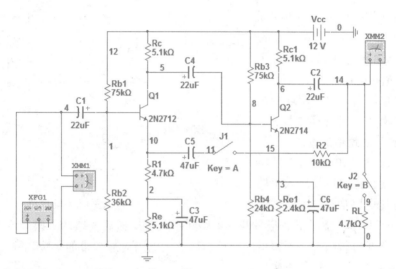

图 4-17　负反馈放大电路

2. 负反馈对输入电阻和输出电阻的影响

输入端输入 $U_i = 10\text{mV}$，$f = 1\text{kHz}$ 正弦波信号，如图 4-18 所示。在电路处于开环状态和电路处于闭环引入电压串联负反馈两种情况下，用万用表交流电压挡和交流电流挡测量输入电压 U_i 和输入电流 I_i，数测量结果填入表 4-3 中，并根据公式 $R_i = U_i / I_i$ 计算输入电阻。

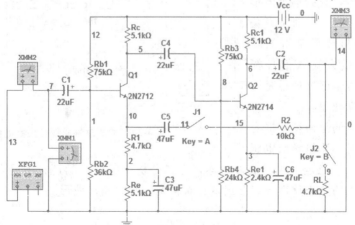

图 4-18　输入电阻和输出电阻的对比电路

表 4-3　　输入电阻和输出电阻的测试

基本放大电路			负反馈放大电路		
U_i/mV	I_i/nA	r_i	U_i/mV	I_i/nA	r_{if}
U_{oo}/mV	U_{oL}/mV	r_o	U_{oo}/mV	U_{oL}/mV	r_{of}

　　输入端输入信号不变，电路如图 4-18 所示。当开关 J_2 打开时电路不带负载；当开关 J_2 闭合时电路带负载。用万用表交流电压挡分别测量不带负载输出电压 U_{oo} 和带负载输出电压 U_{oL}，填入表 4-3 中，根据公式 $R_o = (U_{oo} - U_{oL})R_L/U_{oL}$ 计算输出电阻。

　　观察放大电路引入电压串联负反馈后对输入电阻和输出电阻的影响。

　　3. 负反馈对通频带的影响

　　输入端输入 $U_i = 10\text{mV}$、$f = 1\text{kHz}$ 正弦波信号不变，把波特仪接入电路中，通频带对比电路如图 4-19 所示。

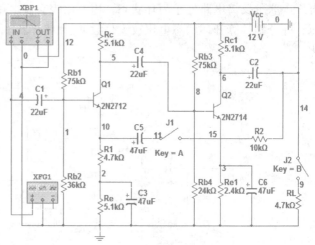

图 4-19　　通频带对比电路

电路开关 J_1 打开和闭合情况下，记录开环电路和引入负反馈后电路的上限频率和下限频率，计算两个不同宽度的通频带，观察引入负反馈后放大电路对通频带的影响。

　　4. 负反馈对非线性失真的影响

　　打开开关 J_1，开环状态下电路如图 4-20 所示。先在输入端输入 $U_i = 10\text{mV}$、$f = 1\text{kHz}$ 的正弦波信号，用示波器观察输出波形，然后不断加大输入信号，直到输出波形出现轻度非线性失真。此时把开关 J_1 闭合，观察输出波形是否消除失真，然后继续增大输入信号幅值，观察输入信号幅值增加后是否还会出现波形失真现象。

　　分析电路引入的是何种反馈类型，当负载变化时，测量输出电压

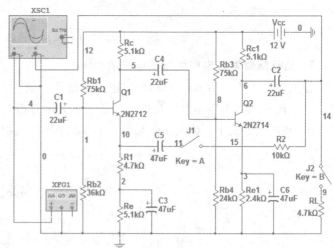

图 4-20　　观测改善非线性失真电路

和输出电流是否保持稳定。改变反馈的连接点，分析电路引入的还是不是负反馈及反馈类型，若是此时引入的是正反馈输出会出现什么情况，观察输出波形。

4.4.5　思考题

　　1. 为什么负反馈放大电路能改善非线性失真？

2. 对于多级放大电路为什么要从电路末级向输入级引入负反馈?

4.5　差分放大电路

差分放大电路是由两个电路参数完全相同的单管放大电路,通过发射极耦合在一起的对称式放大电路,具有两个输入端和输出端。本节通过仿真实验验证差分电路的特性。

4.5.1　实验目的

1. 熟悉差分放大电路静态工作点的测量方法。
2. 掌握差分放大电路差模输入、单端输出的差模放大倍数的测试方法。
3. 掌握差分放大电路共模输入、单端输出的共模放大倍数及共模抑制比的测试方法。

4.5.2　实验要求

1. 测量静态工作点。
2. 计算差模放大倍数与共模放大倍数。
3. 计算共模抑制比。

4.5.3　实验内容

1. 长尾式差分放大电路

长尾式差分放大电路如图 4-21 所示。

（1）测量静态工作点　两个输入端的输入电压为 0（把 A、B 两个输入端都接"地"）,用万用表直流电压挡测量差分放大电路双端输出,此时双端输出为 0, 即 $U_{CQ1} = U_{CQ2}$（U_{CQ1}、U_{CQ2} 分别为 Q_1 管和 Q_2 管集电极对"地"电压）。根据电路图 4-22 所示, 分别测量并记录 Q_1 管和 Q_2 管的静态工作点 U_{BE}、U_{CE}、I_B、I_C 和 U_{EQ}。

（2）动态测试:

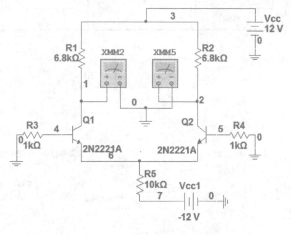

图 4-21　长尾式差分放大电路

1）测量差模放大倍数:两个输入端分别输入 $U_i = 100mV$、$f = 1kHz$ 相位相反的正弦波交流信号,如图 4-23 所示。用示波器始终观察输入与输出信号,观察输入与输出信号之间的相位关系。开关 J_1、J_2 的打开与闭合来控制单端输入还是双端输入,用万用表交流电压挡分别测量单端输出和双端输出的差模动态数据,将测量数据填入表 4-4 中,并计算差模放大倍数。

2）测量共模放大倍数:两个输入端分别输入 $U_i = 100mV$、$f = 1kHz$ 相同的交流信号,如图 4-24 所示。用 J_1、J_2 开关的打开与闭合来控制单端输入还是双端输入,用万用表交流电压挡分别测量单端输出和双端输出的共模动态数据,将测量数据填入表 4-5 中,并计算共模放大倍数及共模抑制比,观察输入与输出的波形。

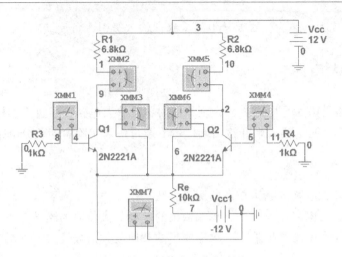

图 4-22　测量静态工作点电路

表 4-4　长尾式差分放大电路差模动态数据

	参数	u_i/mV	u_{o1}/mV	u_{o2}/mV	A_d
单端输入	单端输出	100			$A_{d1} = u_{o1}/u_i =$
					$A_{d2} = u_{o2}/u_i =$
	双端输出				$A_d = (u_{o1} - u_{o2})/u_i =$
双端输入	单端输出	100			$A_{d1} = u_{o1}/u_i =$
					$A_{d2} = u_{o2}/u_i =$
	双端输出				$A_d = (u_{o1} - u_{o2})/u_i =$

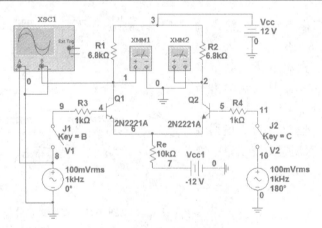

图 4-23　测量差模放大倍数电路

表 4-5　长尾式差放共模动态数据

	参数	u_i/mV	u_{o1}/mV	u_{o2}/mV	A_c	K_{CMRR}
共模输入	单端输出	500			$A_{c1} = u_{o1}/u_i =$	
					$A_{c2} = u_{o2}/u_i =$	
	双端输出				$A_c = (u_{o1} - u_{o2})/u_i =$	

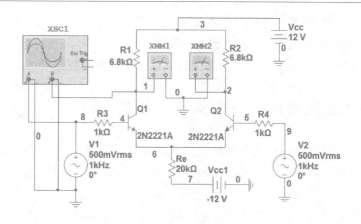

图 4-24　测量共模放大倍数电路

2. 恒流源式差分放大电路

在长尾式差分放大电路中抑制零漂的效果与 R_e 的值有密切关系，R_e 越大，效果越好。但 R_e 越大，维持同样工作电流所需要的负电压也越高，在一般情况下是不合适的。恒流源的引入解决了上述矛盾，用它来替代长尾电阻 R_e，从而更好地抑制共模信号的变化，提高了共模抑制比。恒流源式差分放大电路如图 4-25 所示。

（1）静态测试　当两个输入端的输入电压为 0（把 A、B 两个输入端都接"地"），用万用表电压直流挡测量差分放大电路双端输出，使双端输出为 0，即 $U_{CQ1} = U_{CQ2}$（U_{CQ1}、U_{CQ2} 分别为 Q_1 管和 Q_2 管集电极对"地"电压）。用万用表电压直流挡分别测量并记录 Q_1 管和 Q_2 管的静态工作点的 U_{BE}、U_{CE}、I_B、I_C 和 U_{EQ}。

（2）动态测试　输入 $U_i = 100\text{mV}$、$f = 1\text{kHz}$ 的正弦波交流信号 u_i。

1）差模动态测试：用示波器始终观察输入与输出信号，观察输入与输出信号之间的相位关系。用开关 J_1、

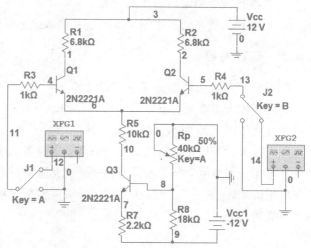

图 4-25　恒流源式差分放大电路

J_2 的打开与闭合来控制单端输入还是双端输入，用万用表电压交流挡分别测量单端输出和双端输出的差模动态数据，将测量数据填入表 4-4 中，并计算差模放大倍数。

2）共模动态测试：用示波器始终观察输入与输出信号，用开关 J_1、J_2 的打开与闭合来控制单端输入还是双端输入，用万用表电压交流挡分别测量单端输出和双端输出的共模动态数据，将测量数据填入表 4-5 中，并计算共模放大倍数。

4.5.4　思考题

1. 差分放大电路中电阻 R_e 起什么作用？提高电阻 R_e 受什么限制？

2. 差分放大电路为什么具有较高的共模抑制比?

3. 差分放大电路仿真电路中为什么没有平衡电阻?

4. 采用 Multisim 10 直流、交流和瞬态分析方法分析和实验数据对比是否一致?

4.6 运放的线性应用(Ⅰ)——比例、加减电路

集成运放的一个重要应用就是实现模拟信号的运算,运用"虚短"和"虚断"两个重要概念,可以对集成运放组成比例、求和、积分、微分等电路进行分析和计算。

4.6.1 实验目的

1. 熟悉基本运算放大电路输出波形的观察方法。

2. 掌握运算放大电路输出电压的测量方法。

3. 熟悉用运算放大电路实现输入与输出的给定运算关系。

4.6.2 实验要求

1. 测量比例求和电路的输出电压。

2. 观察比例求和输出信号的波形。

3. 对反相比例、同相比例、求和以及加减法运算电路根据理论值和仿真值进行对比。

4.6.3 实验内容

1. 检查运算放大器的好坏—开环过零

将运算放大器接入直流电源 +12V、−12V 和"地",否则运算放大器无法工作。检查开环过零电路如图 4-26 所示,将运放一端接"地";另一端悬空。利用运算放大器开环放大倍数近似无穷大,可检查运算放大器的好坏。若运算放大器输出电压 U_o 分别为正、负饱和值,即开环过零,则该运算放大器是好的;否则运放有问题。用万用表直流电压挡测量记录正负饱和电压值 $+U_{om}$ 和 $-U_{om}$。每次使用运算放大器前,都要检测运放的好坏,其他运放电路中就不再赘述。

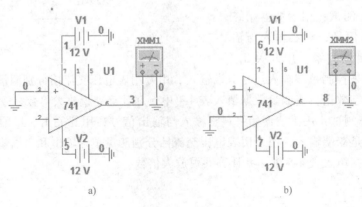

a)   b)

图 4-26 检测开环过零电路

2. 反相比例运算电路

反相比例运算电路的电压放大倍数为 $A_{uf} = -R_f/R_1$，在输入直流信号和交流信号下，验证输入与输出的关系。

（1）输入直流信号　电路如图 4-27 所示，直流信号用直流电压源 V_1 输入。根据表 4-6 中的数值改变输入电压大小，用万用表电压直流挡测量输出电压值，将测量结果填入表 4-6 中。

表 4-6　直流输入比例运算电路数据表

输入电压 U_i/V		0	+1	+2	-1	-2	-4
输出电压 U_o/V	理论值						
	实测值						
	计算误差						

（2）输入交流信号　电路如图 4-28 所示，交流信号 u_i 用信号发生器输入。根据表 4-7 中的数值改变输入电压幅值和频率大小，用万用表电压交流挡测量输出电压值，将测量结果填入表 4-7 中。用双踪示波器观测输入与输出波形之间的幅值、频率及相位关系。

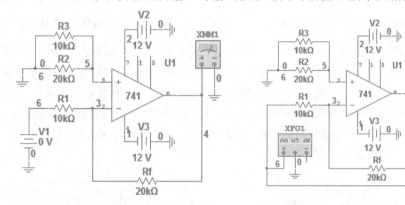

图 4-27　反相比例放大电路（直流输入）　　　图 4-28　反相比例放大电路（交流输入）

表 4-7　交流输入比例运算电路数据表

输入信号 u_i		输出信号 u_o		幅值误差
幅值/V	频率/kHz	幅值/V	频率/Hz	
0.5	1			
1	2			
2	0.5			

（3）验证"虚短"和"虚断"　电路如图 4-29 所示，按表 4-8 给定的值，验证 $U_N \approx U_P$；$R_i = R_1$，将测量数据填入表 4-8 中。反相比例输入电阻 $R_i = U_i/I_i = U_iR_1/(U_i - U_N)$。

表 4-8　验证运算放大器"虚断和虚短"及输入 R_i 的数据表

电路形式	输入电压 U_i/V	U_N/V	U_P/V	计算 R_i/kΩ
反相比例	1			
同相比例	1			

3. 同相比例运算电路

同相比例运算电路的电压放大倍数为 $A_{uf} = 1 + R_f/R_1$，在输入直流信号和交流信号下，验证输入与输出的关系。

（1）输入直流信号　电路如图 4-30 所示，直流信号用直流电压源 V₁ 输入。根据表 4-6 中的数值改变输入电压大小，用万用表电压直流挡测量输出电压值，将测量结果同样填入表 4-6 中。

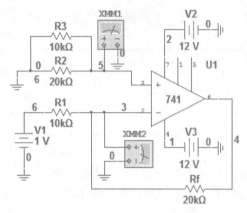
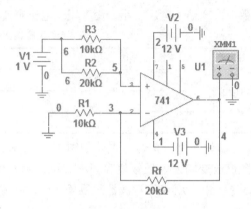

图 4-29　反相比例验证"虚短"和"虚断"电路　　　图 4-30　同相比例放大电路（直流输入）

（2）输入交流信号　电路如图 4-31 所示，交流信号 u_i 用信号发生器输入。根据表 4-7 中的数值改变输入电压幅值和频率大小，用万用表电压交流挡测量输出电压值，将测量结果同样填入表 4-7 中。用双踪示波器观测输入与输出波形之间的幅值、频率及相位关系。

（3）验证"虚短"和"虚断"　电路如图 4-32 所示，按表 4-8 给定的值，验证 $U_N \approx U_P$；$R_i = \infty$，将测量数据填入表 4-8 中。同相比例输入电阻 $R_i = U_i/I_i = U_i(R_2//R_3)/(U_i - U_P)$，对比同相比例和反相比例电路输入电阻。

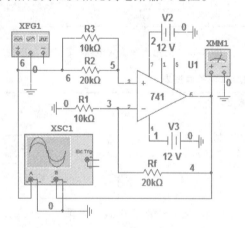

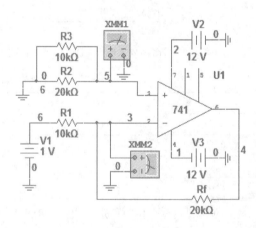

图 4-31　同相比例放大电路（交流输入）　　　图 4-32　同相比例验证"虚短"电路

4. 反相求和运算电路

反相求和电路是多个输入信号均作用于集成运放的反相输入端，当反相输入端有两个输入信号 u_{i1}、u_{i2} 时，输入和输出电压之间的关系为 $u_o = -R_f(u_{i1}/R_1 + u_{i2}/R_2)$。

（1）直流输入叠加　反相求和电路如图 4-33 所示，其中 $R_3 = R_1//R_2//R_f$。当开关 J₁ 连接直流电压源时，是两个直流量 U_{i1}、U_{i2} 的叠加。根据表 4-9 中的数值改变电压源 V₁ 和 V₄ 的电压值，记录实验数据并填入表 4-9 中。

表 4-9　求和实验数据表

输入信号	U_{i1}/V	+ 1	- 1	+ 1	+ 1	+ 2
	U_{i2}/V	- 1	- 1	+ 1	+ 2	+ 2
输出 U_o/V	理论值					
	实测值					
	计算误差					

（2）交直流输入叠加　U_{i1} 由直流电压源 V_1 提供直流信号（$U_{i1} = +1V$），u_{i2} 由开关 J_1 连接信号发生器提供正弦交流信号（$U_{i2} = +0.5V$，$f = 1kHz$），用双踪示波器观察输入与输出波形，并验证反相求和公式。

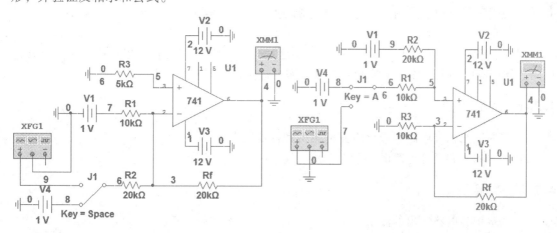

图 4-33　反相求和电路　　　　　　图 4-34　同相求和电路

5. 同相求和运算电路

同相求和电路是多个输入信号均作用于集成运放的同相输入端，当同相输入端有两个输入信号 u_{i1}、u_{i2} 时，输入电压与输出电压之间的关系为 $u_o = \left(1 + \dfrac{R_f}{R_1}\right)\left(\dfrac{R_{22}}{R_{21} + R_{22}} u_{i1} + \dfrac{R_{21}}{R_{21} + R_{22}} u_{i2}\right)$。

（1）直流输入叠加　同相求和电路如图 4-34 所示，其中 $R_3 // R_2 = R_1 // R_f$。当开关 J_1 连接直流电压源时，是两个直流量 U_{i1}、U_{i2} 的叠加。根据表 4-9 的数值改变电压源 V_1 和 V_4 的电压值，记录仿真数据同样填入表 4-9 中。

（2）交直流输入叠加　u_{i1} 为直流信号（$U_{i1} = +1V$），u_{i2} 提供正弦交流信号（$U_{i2} = +0.5V$，$f = 1kHz$），用双踪示波器观察输入与输出波形，验证反相求和公式。u_{i2} 由开关 J_1 连接信号发生器提供，U_{i1} 由直流电压源 V_1 提供。

6. 加减运算电路

当多个输入信号同时作用于两个输入端时，运算电路实现加减运算，加减法运算电路如图 4-35 所示。同相输入端信号 U_{i1}、U_{i2} 和反相输入端信号 U_{i3}、U_{i4}，当满足 $R_1 // R_2 // R_5 =$

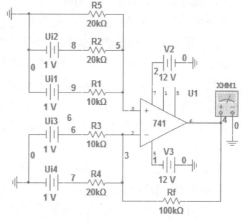

图 4-35　加减法运算电路

$R_3 /\!/ R_4 /\!/ R_f$ 时，输入电压与输出电压之间满足 $U_o = R_f (U_{i1}/R_1 + U_{i2}/R_2 - U_{i3}/R_3 - U_{i4}/R_4)$。

改变同相端输入电压 V_1、V_2 和反相端输入电压 V_3、V_4 电压值，验证输入电压与输出电压之间的关系。

4.6.4　思考题

1. 分析为什么仿真输入电压为 0V 时输出不为 0V 会产生误差？
2. 仿真电路中运算放大器需要检测开环过零和闭环调零吗？
3. 运算放大器的电阻有误差时，如何分析和计算电压放大倍数的误差？

4.7　运放的线性应用(Ⅱ)——积分、微分电路

积分电路和微分电路互为逆运算，广泛应用于波形的产生和变换，以集成运放作为放大电路，利用电阻和电容作为反馈网络，可以实现这两种运算电路。

4.7.1　实验目的

1. 掌握反相积分电路和微分电路的结构和性能特点。
2. 验证积分和微分运算电路输入电压与输出电压的关系。

4.7.2　实验要求

1. 观察积分电路输出的波形。
2. 观察积分电路积分时间。
3. 观察微分输出信号的波形。

4.7.3　实验内容

1. 积分电路

(1)输入直流信号　电路如图 4-36 所示，先用万用表观察积分情况：将积分电路的开关 J_1 打开的同时，用万用表电压直流挡观测积分电压能达到的最大值 U_{om}。

把示波器扫描选择放在 500ms/格时间挡，选择输入耦合方式（"DC"耦合），校准 Y 轴零点，因为输出信号 u_o 朝正电压方向积分。先把积分电路的开关 J_1 合上，然后观测到输出为 0，再把开关 J_1 打开观测积分波形。当输入信号为阶跃电压时，输出电压 u_o 与时间 t 成近似线性关系，根据 $t \approx -U_o RC/U_i$ 对比示波器上观测的积分时间和计算时间是否一致。

注意：仿真时需要的观测时间比较长，主要是电路仿真的虚拟时间比较长。

(2)输入交流信号　电路如图 4-37 所示。

1)信号发生器输入正弦交流信号 $u_i = U_{im} \sin \omega t$（$U_{im} = 1V$，$f = 100Hz$）。用双踪示波器同时观察输入与输出的波形。当输出波形出现失真时，可在

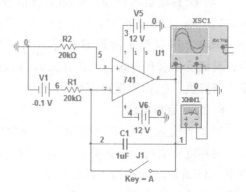

图 4-36　积分电路输入直流信号电路

电容 C 两端并联一个 $100\text{k}\Omega$ 的电阻。根据 $u_o = (U_{im}/RC)\sin(\omega t + 90°)$，用示波器观察波形时，注意输入和输出波形之间的相位关系。改变输入信号的频率，观测输入和输出信号的相位、幅值关系。

2）信号发生器输入矩形波交流信号 $U_{im} = 1\text{V}$，$q = 50\%$（占空比）。用示波器同时观察输入与输出的波形，可以观察积分运算电路的输出信号为积分波形。

2. 微分电路

把积分电路中 R 和 C 的位置互换，可组成微分电路如图 4-38 所示。微分电路可以实现波形转换，也有移相的作用。输入电压与输出电压之间满足微分关系。

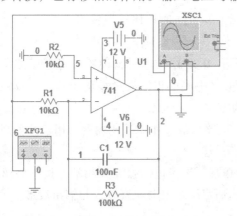

图 4-37　积分电路输入交流信号电路　　　　　图 4-38　微分电路

（1）信号发生器输入正弦交流信号 $u_i = U_{im}\sin\omega t$（$U_{im} = 1\text{V}$，$f = 100\text{Hz}$）　用双踪示波器同时观察输入与输出的波形，当输出波形出现失真时，可在电容 C 两端并上一个 $100\text{k}\Omega$ 的电阻。根据 $u_o = U_{im}RC\sin(\omega t - 90°)$，用示波器观测波形时，注意波形之间的相位关系。改变输入信号的频率，观测输入与输出信号的相位、幅值关系。

（2）信号发生器输入矩形波交流信号 $U_{im} = 1\text{V}$，$q = 50\%$（占空比）　用示波器同时观察输入与输出的波形，可以观察微分运算电路输出信号形成的尖脉冲。

4.7.4　思考题

1. 电阻和电容本身就可以组成积分电路，为什么还要用运算放大器？
2. 积分电路和微分电路转换波形的原理是什么？

4.8　运放的非线性应用电路——电压比较、滞回比较电路

运放处于开环状态，具有很高的开环电压增益，当 u_i 在参考电压 U_{REF} 附近有微小的变化时，运放输出电压将会从一个饱和值过度到另一个饱和值。电压比较器是一种用来比较输入信号 u_i 和参考信号 U_{REF} 的电路。

4.8.1　实验目的

1. 熟悉单门限电压比较器、滞回比较器的电路组成特点。

2. 了解比较器的应用及测试方法。

4.8.2　实验要求

1. 观察过零比较器的电压传输特性及输入与输出波形。
2. 观察滞回比较器的电压传输特性及输入与输出波形。

4.8.3　实验内容

1. 单门限电压比较器

当同相输入端接参考电压 U_{REF}，反相输入电压 $U_i > U_{REF}$ 时，比较器输出 $U_o = -U_Z = -8.1V$；反相输入电压 $U_i < U_{REF}$ 时，比较器输出 $U_o = +U_Z = +8.1V$。

（1）反相输入电压比较器　电路如图4-39所示，开关 J_1 接地时，设置参考电压 $U_{REF} = 0V$，u_i 输入交流正弦信号（$U_i = 1V$，$f = 500Hz$），电路构成反相输入过零比较器。用双踪示波器观察输入与输出波形，可以观察到正弦波变为方波。

开关 J_1 接电压源 V_1 时，参考电压 $U_{REF} = 2V$，电路构成反相输入比较器，用示波器观察输入与输出波形。

（2）同相输入电压比较器　把输入信号接在同相端，参考电压接在反相端，按电路图4-40接线，进行和反相输入电压比较器相同的操作，用双踪示波器观察输入与输出波形。

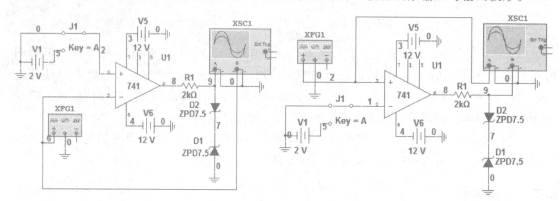

图4-39　反相输入电压比较器电路　　　　　图4-40　同相输入电压比较器电路

2. 滞回比较器

迟滞比较器电路如图4-41所示，构成反相滞回比较器，输入正弦交流信号 u_i（$U_i = 1V$，$f = 500Hz$）。用双踪示波器观察输入与输出波形，对比门限电压 U_{T+}（$U_{T+} = R_1 U_{oH}/(R_1 + R_2)$）和下限门电压 $U_{T-} = R_1 U_{oL}/(R_1 + R_2)$ 的理论值和仿真值。

当电阻 R_2 改为可调电阻，如图4-42所示，此时门限电压 U_{T+} 和下限门电压 U_{T-} 可调。用双踪示波器观察输入输出波形，观察门限电压的变化情况。

4.8.4　思考题

1. 当滞回比较器输入交流信号 U_{im} 值小于门限电压 U_T 时，比较器输出会出现什么情况？
2. 电压比较器的输出由谁决定？如何调整？

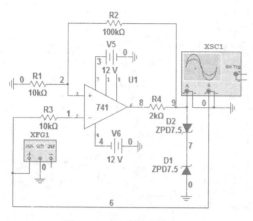

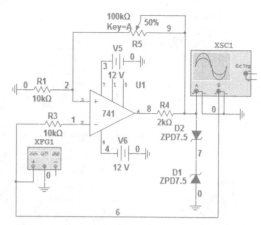

图 4-41　滞回比较器电路　　　　　　　图 4-42　门限电压可调滞回比较器电路

4.9　波形产生电路

当运放连接成正反馈时可构成比较器电路,在比较器电路的基础上可以利用运放构成非正弦波电路。

4.9.1　实验目的

1. 熟悉运算放大器设计波形发生电路。
2. 掌握波形发生电路的特点和分析方法。

4.9.2　实验要求

1. 用运算放大器组成正弦波振荡电路。
2. 设计方波、矩形波、三角波和锯齿波发生电路。
3. 观测振荡电路的起振过程,产生波形的周期和频率。
4. 改变电路的参数观察产生波形的变化。

4.9.3　实验内容

1. RC 正弦波电路

RC 正弦波发生器(也称文氏电桥振荡器),这个电路由两部分组成,即放大电路 A_V 和选频网络 F_V。正弦波振荡应满足两个条件(振幅平衡及相位平衡)。

1)按电路图 4-43 接线,用示波器观察输出波形 u_o,调节电位器 RP 使 u_o 为正弦波,且幅值最大。

2)用双踪示波器观测 u_o 的幅值和周期,振荡频率为 $f = 1/(2\pi R_1 C_1)$,对比理论值和仿真值是否一致。

3)分别将电位器 RP 滑动端左右调整,用双踪示波器观察 u_o 的波形变化并分析原因。

4)如图 4-44 所示,电路变成频率可调的正弦波振荡电路。在 $R_1 = R_2$ 条件下改变电阻值,调节电位器 RP 使 u_o 为正弦波且幅值最大,用双踪示波器观察 u_o 的波形,观测振荡频率仿真值并和理论值对比。

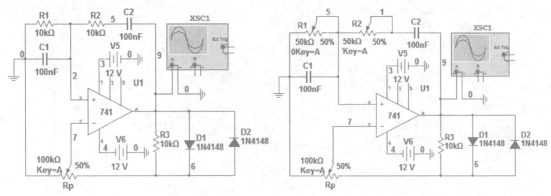

图 4-43　RC 正弦波振荡电路　　　　　图 4-44　频率可调的 RC 正弦波振荡电路

2. 方波发生电路

方波发生器是在滞回比较器的基础上，增加了由 RC 组成的积分电路，由于电容上的电压不能突变，只能由输出电压 u_o 通过电阻 RP 按指数规律向电容 C 充放电来建立。

1）方波发生电路如图 4-45 所示，调节电位器 RP，用示波器观察 u_o 和 u_C 的波形（u_o 幅值、周期是否变化，是增加还是减小，计算占空比 q）。占空比 q 为方波波形高电平的持续时间与方波周期之比。

2）当 $R_F = R_{RP} + R_{RP1} = 10\text{k}\Omega$ 时，用双踪示波器观察 u_C 和 u_o 的波形。

3）把 R_1 换成可调电阻，电路如图 4-46 所示，改变 R_1 电阻值，输出方波的周期为 $T = 2R_{RP}C\ln(1 + 2R_1/R_2)$，用双踪示波器观察方波周期的改变情况和理论值进行对比。

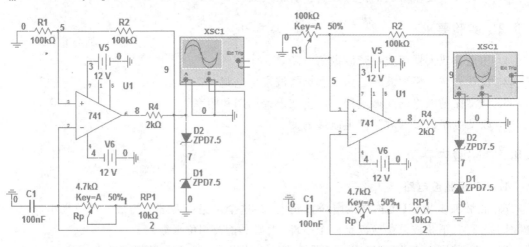

图 4-45　方波发生电路　　　　　　　图 4-46　周期可调方波发生电路

3. 矩形波发生电路

方波是占空比 $q = 1/2$ 的矩形波，方波电路中的充放电的时间常数不同时，就可以产生矩形波。占空比可调的矩形波发生电路如图 4-47 所示，调节 RP 的阻值，观察矩形波的占空比的变化。

4. 三角波发生器

方波积分时就可以得到三角波，因此在方波发生电路的基础上加入积分电路就可以得到

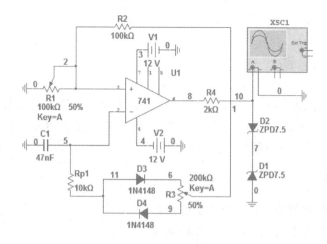

图 4-47 占空比可调的矩形波发生电路

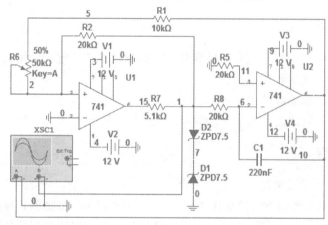

图 4-48 三角波发生器电路

三角波的输出，三角波发生器电路如图 4-48 所示。调节可调电阻 R_6，观测三角波的周期和幅值的变化。

5. 锯齿波发生器

矩形波和三角波的不同之处在于波形上升和下降的斜率不对称，因此在三角波电路的基础上使电路中的积分电容充放电路径不同，就可以输出锯齿波。锯齿波发生器电路如图 4-49 所示，调节 RP 的阻值，用示波器观察锯齿波波形的变化情况。

4.9.4 思考题

1. 如何用示波器测量振荡电路的振荡频率?

2. 在 RC 正弦振荡电路中，输出信号

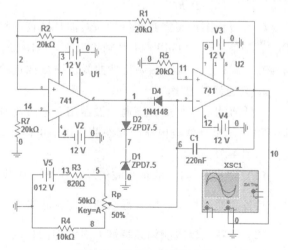

图 4-49 锯齿波发生器电路

稳幅振荡时，集成运放是工作于线性状态还是非线性状态？

4.10 有源滤波电路

由集成运放和电阻 R、电容 C 可以构成有源滤波电路，滤波电路根据工作范围可以分为低通、高通、带通和带阻四种类型。按照滤波电路的传递函数的阶数可分为低阶和高阶，阶数越高其幅频特性通带外衰减越快，滤波效果越好。本节主要介绍二阶有源滤波电路。

4.10.1 实验目的

1. 掌握集成运放在有源滤波电路中的应用。
2. 掌握有源滤波器的调试和幅频特性的测试方法。
3. 了解电阻、电容对滤波电路性能的影响。

4.10.2 实验要求

1. 用运放、电阻和电容组成有源低通滤波、高通滤波和带通、带阻滤波器。
2. 测量有源滤波器的幅频特性。
3. 测量低通、高通滤波的截止频率。
4. 测量带通和带阻滤波电路的中心频率。

4.10.3 实验内容

1. 二阶有源低通滤波电路

典型的二阶有源低通滤波电路如图 4-50 所示，由两级 RC 滤波环节与同相比例运算电路组成，其中第一级电容 C 接至输出端，引入适量的正反馈，以改善幅频特性。

（1）输入幅值为 $U_i = 1\text{V}$ 的正弦波信号，在滤波器截止频率附近改变输入信号频率，用示波器或万用表交流电压挡观察输出电压幅度的变化是否具备低通特性。二阶低通有源滤波截止频率为 $f_0 = \dfrac{1}{2\pi RC}$。

（2）波特图仪观察幅频特性　对波特图仪的控制面板进行设置，设定垂直轴的终值 $F = 40\text{dB}$，初值 $I = -200\text{dB}$，水平轴终值 $F = 1\text{kHz}$，初值 $I = 1\text{Hz}$ 且垂直轴和水平轴的坐标全设为对数方式（lg）。观察幅频特性曲线，测量截止频率和理论值对比。

2. 高通滤波电路

与低通滤波器相反，高通滤波器用于通过高频信号、衰减或抑制低频信号。只要将电路图 4-50 所示低通滤波电路中起滤波作用的电阻、电容互换，即可变成二阶有源高通滤波器，电路如图 4-51 所示。

（1）输入 $U_i = 1\text{V}$ 的正弦波信号，在滤波器截止频率附近改变输入信号频率，观察电路是否具备高通特性。二阶有源高通滤波截止频率为 $f_0 = \dfrac{1}{2\pi RC}$。

（2）波特图仪观测幅频特性　对波特图仪的控制面板进行相同的设置，观察幅频特性曲线，测量截止频率和理论值对比。

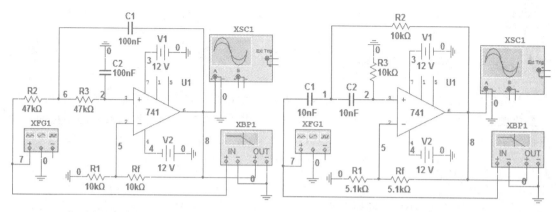

图 4-50　低通滤波电路　　　　　　　　图 4-51　高通滤波电路

3. 带通滤波电路

带通滤波器的作用是允许在某一个通频带范围内的信号通过，而比通频带下限频率低和比上限频率高的信号均加以衰减或抑制。典型的带通滤波器可以从二阶低通滤波器中将其中一级改成高通而成，带通滤波电路如图 4-52 所示。

带通滤波中心频率为 $f_0 = \dfrac{1}{2\pi}$

$\sqrt{\dfrac{1}{R_2 C^2}\left(\dfrac{1}{R_1} + \dfrac{1}{R_3}\right)}$，对波特图仪的控制面板进行相同的设置，观察幅频特性曲线，观察中心频率和理论值对比。改变信号源的频率，测量下限频率 f_L 和上限频率 f_H。

4. 带阻滤波电路

带阻滤波电路的性能与带通滤波电路相反，即在规定的频带内，信号不能通过（或受到很大衰减或抑制）；而在其余频率范围，信号则能顺利通过，带阻滤波电路如图 4-53 所示。在双 T 网络后加一级同相比例运算电路就构成了基本的二阶有源带阻滤波电路。带阻滤波中心频率为 $f_0 = \dfrac{1}{2\pi RC}$，对波特图仪的控制面板进行相同的设置，观察幅频特性曲线，观察截止频率和理论值对比。

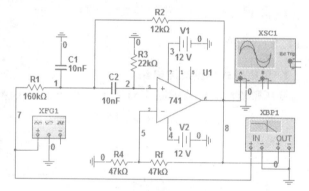

图 4-52　带通滤波电路

4.10.4　思考题

1. 如何区别有源滤波是一阶还是二阶的电路？它们有什么相同和不同点？

2. 带通和带阻滤波电路作用有什

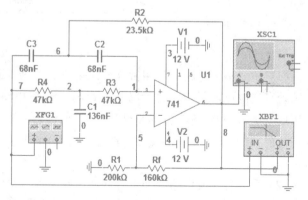

图 4-53　带阻滤波电路

么不同?

4.11　直流稳压电源电路

整流电路用于将交流电压转换成脉动的单向直流电压。滤波电路用于将脉动的直流电压转换成较平滑的直流电压。稳压电路用于克服电网电压、负载和温度等因素引起的扰动,输出稳定的直流电压。

4.11.1　实验目的

1. 熟悉单相交流电的整流过程。
2. 掌握整流、滤波、稳压电路的工作原理。
3. 掌握稳压电源电路主要性能指标和测试方法。

4.11.2　实验要求

1. 掌握稳压电源电路的构成、各部分的作用。
2. 掌握稳压电源电路的参数意义和计算方法。

4.11.3　实验内容

1. 单相桥式整流滤波电路

变压整流滤波电路如图 4-54 所示,变压器二次侧得到有效值 17.6V 正弦波交流信号。

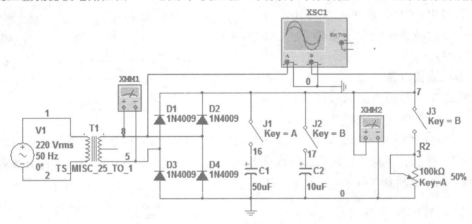

图 4-54　变压整流滤波电路

(1)桥式整流电路　单相桥式整流是将交流电压通过二极管的单相导电作用变为单方向的脉动直流电压。负载上的直流电压 $U = 0.9U_2$。电路如图 4-54 所示,用示波器观察变压器降压后电压 U_2 和整流后波形及滤波后 U_3 的波形,同时分别用万用表交流电压挡测量 U_2(交流有效值)和直流电压挡测量 U_3(直流平均值)的大小,该项实验分三种情况进行,如表 4-10 所示。

(2)加电容滤波电路　加电容滤波电路是通过电容的能量存储作用,降低整流电路含有的脉动部分,保留直流成分。负载上的直流电压随负载电流增加而减小,纹波的大小与滤波

电容 C 的大小有关。电阻 R 和电容 C 越大，电容放电速率越慢，则负载电压中的纹波成分越小，负载上平均电压越高。在图 4-54 电路中，当 C 值一定，$R_L = \infty$（空载）时，$U_3 \approx$ 1.4 U_2；当接上负载 R_L，即 $U_3 \approx 1.2 U_2$。

表 4-10　单相桥式整流、加电容滤波电路实验数据

参数 项目	U_2/V	U_3/V			U_3/U_2 （计算）
		理论值		实测值	
桥式整流不加电容滤波	17.6				
桥式整流加 10μF 电容滤波	17.6	$R_L = \infty$			
		$R_L = 10k\Omega$			
桥式整流加 50μF 电容滤波	17.6	$R_L = \infty$			
		$R_L = 10k\Omega$			

2. 三端集成稳压电路

三端集成稳压电路图 4-55 所示，此电路是用三端集成稳压块 W7805 的 LM7805CT 模块实现、与降压整流电路组成的输出固定 +5V 的稳压电路。用示波器观测输出波形，并测试三端集成稳压电路质量指标。

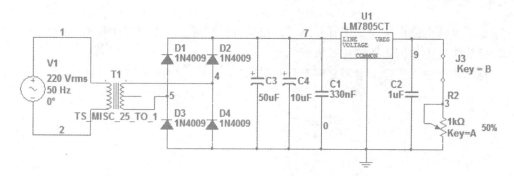

图 4-55　三端集成稳压电路

（1）测量稳压系数 γ（电压稳定度）　当 U_2 电压变化时，输出电压会随之改变，由此检查稳压电路的电压稳定度。仿真电路中变压器只有两个抽头的，因此换用可调的信号源作为变压器二次侧电压，如图 4-56 所示用万用表交流电压挡可以测量具体给定 U_2 的值，负载电阻 $R_L = 10\Omega$，测量对应的输入电压 U_i 和输出电压 U_o 的值。并将以上数据填入表 4-11 中。

表 4-11　稳压系数测量数据（测试条件 $R_L = 20\Omega$）

U_2/V	U_i/V	U_o/V	$\gamma = (\Delta U_o / U_o)/(\Delta U_i / U_i)$
15			
12			
13.5			
10.5			

（2）测量外特性及纹波电压 $U_{o(\sim)}$　测量三端集成稳压质量电路如图 4-56 所示，当 $U_2 = 12V$，改变负载电阻 R_L 的大小，并逐次测量各个对应 I_o、U_o 和纹波电压 $U_{o(\sim)}$ 值（用万用表交流电压挡测量 $U_{o(\sim)}$ 交流分量的有效值），并将数据填入表 4-12 中。

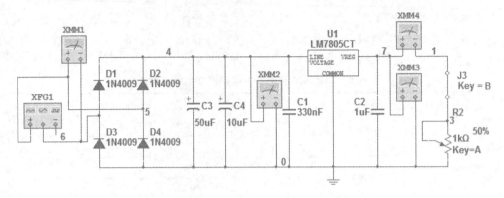

图 4-56　测量三端集成稳压质量电路

表 4-12　外特性及输出电阻测量数据

R_L/Ω	∞（空载）	30	20	10
I_o/mA				
U_o/V				
$U_{o(-)}/mV$				

4.11.4　思考题

1. 如果整流电路中某个二极管开路、短路或者反接时，对电路产生什么影响？

2. 整流电路中如何选择整流二极管？

3. 稳压电源输入和输出电压之间有什么限制？

第5章 模拟电子技术从理论到实践的关键性认识

"模拟电子技术"作为一门电子技术领域的专业基础课，其理论教学一方面强调基本原理和基本分析方法；另一方面这门课程还要强调理论与实践的结合，着眼于解决纷繁复杂的实际问题。大多数学生在课程入门的时候感觉比较困难，很多概念不好理解和掌握。究其原因，除了模拟电子技术教学内容本身的复杂性之外，还有一个重要的"思维定势"的影响，那就是与先修课程"电路分析基础"相比，模电课程具有以下几个差异很大的特点，由此产生出相应的学习屏障。

（1）非线性 模拟电子技术中，电路的基本元件为二极管和晶体管，它们均为非线性元件，因而分析和计算均围绕非线性电路进行。而学生此前接触到的都是线性电路的系统学习，学生对线性元件（如电阻）的分析烂熟于心，因而碰到新的非线性元件，他们本能地采取线性电路的思维去思考，所以从线性思维到非线性思维的转变需要一个接受过程。

（2）复杂性 模拟电子技术中的放大电路往往是交直流信号共存，它们相互纠缠，如影随形，增加了分析问题的难度。先前电路分析基础的教学体系是将直流电路和交流电路放置在不同章节分别讲解，直流电路中只有单一的直流信号；交流电路中只有单一的交流信号，两者互不相干。因此，学生对模拟电路中直流和交流信号共存的情况束手无策。学生从单一的直流或者交流电路分析过渡到交直流共有的复杂电路，需要一个逐步适应的阶段。

（3）工程性 模拟电路中影响电路工作状态的因素往往很复杂，加之电子器件的特性和参数的分散性较大。因此，在对电路进行分析计算时要从实际出发，抓主要矛盾，用工程的观点进行估算，以达到事半功倍的效果。学生长期以来一直接受的学习理念：求解问题要求逻辑上的严密和数学上的精确，但在模拟电路中这种惯性思维却往往成为解题的障碍，它使问题复杂化甚至无从下手。学生头脑中还没有建立工程思维，所以从精确、严谨到粗略、估算需要慢慢改变思维习惯。

综上所述，模拟电子技术的学习从理论知识过渡到实践中的分析和应用，需要先解决从"电路"到"模拟电路"的思维转换，这种转变应该首先从模拟电子技术中几个关键性的概念开始。如果学生能够深刻理解这些重要的专业概念，那么模拟电子技术从理论知识到实践能力的过渡也就会衔接得非常好。

5.1 线性思维到非线性思维的转换——线性元件和非线性元件

前面提到模拟电子技术中，电路的基本元件为二极管和晶体管，它们均为非线性元件。而学生此前接触到的都是"电路"中的线性系统，对线性元件（电阻）的分析较为熟悉。因此，碰到新的非线性元件，习惯性地采取线性电路的思维去思考，所以学生从线性思维到非线性思维的转变需要一个接受过程。为了能够更快地实现这个转变，需要清晰准确地认识两者的本质区别。

5.1.1 两者的本质区别

界定"线性元件和非线性元件"的标准是"元件的伏安特性曲线是否直线地通过坐标原点"。例如，在金属导体中，电流跟电压成正比，伏安特性曲线是通过坐标原点的直线，具有这种伏安特性的电学元件称为线性元件。一般的电阻元件属于线性元件；而非线性元件是一种通过它的电流与加在它两端电压不成正比的元器件，即它的阻值随外界情况的变化而改变。**求解含有非线性元件的电路问题通常需要借助以下工具：在定性分析中，重点是借助于伏安特性，把握非线性元件的工作状态和相应特性；在定量计算中，一般需要借助于等效模型，此时求出的只能是近似结果。**

图 5-1 所示为线性非时变电阻和二极管的伏安特性，从中可以发现：线性元件的特性是一致的；而非线性元件的根本特点是，伏安特性不是一成不变的，是随着外加电压的变化而变化，是真正的"多面"元器件。在分析含有非线性元件的电路时，**需要牢记的是，根据外加电压条件首先判断非线性元件的工作状态，然后在此基础上分析整个电路的工作情况。**

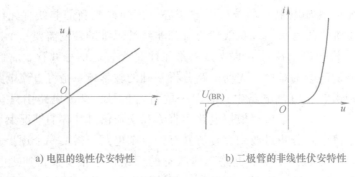

a) 电阻的线性伏安特性   b) 二极管的非线性伏安特性

图 5-1 线性元件与非线性元件的伏安特性比较

这里有一个问题需要明确，普通电阻是线性元件，那么电容和电感呢？它们是线性的还是非线性的？

普通的电感和电容在常规工作范围内，属于线性元件。也就是说，它们的阻抗基本上与输入的电压或者电流无关。特殊的电感、电容甚至电阻是有非线性的，例如，饱和电抗器、饱和调压器的电抗电感、压敏电阻等属于非线性元件。**非线性元器件的显著特点，就是阻抗随输入电压（或者电流）的变化而变化。**

5.1.2 非线性元件的深度认识

单个 PN 结在外加电压的作用下实现了电流方向的控制，而两个 PN 结的聚合则完成了对电流大小的控制，所以 PN 结是半导体器件神奇功能的结构基础。单个 PN 结形成了二极管，两个 PN 结就构成了晶体管，这两种元器件都是模拟电子技术中非常重要的非线性元件。下面具体分析在学习二极管、稳压管、晶体管这三种元器件时可能遇到的认识难点，并且对三种元器件的特性和实践应用做深入地讨论。

1. 二极管

在接触模拟电路的初期，由于线性电路的概念根深蒂固，初学者总是习惯于套用线性电路的分析模式。例如，已知某二极管的伏安特性（图 5-1b），求解图 5-2 所示电路中二极管的状态（电压、电流）。

如果继续沿用线性电路的思维方式，将二极管看成阻值固定的线性电阻，这样自然会出错。**因此在分析时要注意由于二极管伏安特性的非线性特点，其阻值在不同的工作点是各不相同的，应从二极管在外电路中的方程 $U_D = V - RI$ 入手，通过作图法来求出工作点，然后求解出它工作的电压和电流值。**

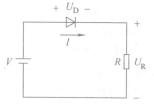

图 5-2　二极管电路图

2. 二极管的应用电路

二极管的应用范围很广，都是利用了它的特殊性能——单向导电性，例如，可以用来整流、限幅、钳位和检波等，也可以构成保护电路，还可以在脉冲和数字电路中作为开关元件等。

（1）整流电路　利用二极管的单向导电性可以实现整流的目的，即将交流电压转换为直流电压。通常在分析整流电路时把二极管都近似为理想二极管。

图 5-3a 所示为全波整流电路，50Hz/220V 交流电压经过变压器降压转换成合适的二次侧电压，设 $u_2 = \sqrt{2}U_2 \sin \omega t$。

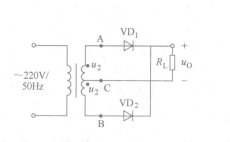

a) 电路

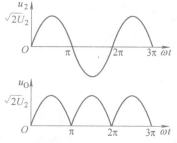

b) 输入与输出电压波形

图 5-3　全波整流电路

全波整流电路二极管的工作状况，如表 5-1 所示。

表 5-1　全波整流电路二极管的工作状态

外界条件	$u_2 > 0$（A 点为 "+" B 点为 "-"）	$u_2 < 0$（A 点为 "-" B 点为 "+"）
二极管的工作状态	VD_1 导通、VD_2 截止	VD_1 截止、VD_2 导通
电流流经方向	A→VD_1→R_L→C	B→VD_2→R_L→C
输出电压	$u_o = \sqrt{2}U_2 \sin \omega t$	$u_o = -\sqrt{2}U_2 \sin \omega t$

综上所述，输入与输出电压的波形对应关系如图 5-3b 所示。

（2）开关电路　二极管的伏安特性：当二极管正向导通时，其电阻很小，导通压降为硅管 0.6～0.7V，锗管 0.2～0.3V，均可近似忽略为 0，也就是说此时二极管相当于一个开关元件，处于闭合状态；当二极管反向导通时，只有一个微弱的饱和电流通过，可以近似理解为开关处于断开状态。因此根据二极管的这个外部特性，可以将其近似作为一个开关元件来使用。

在图 5-4 所示的"与门"电路中,二极管工作状态的分析过程如下:断开 VD_1 和 VD_2,u_{I1} 和 u_{I2} 分别取值为 0.3V 或 3V,输入电压波形如图 5-4b 所示。假设 $u_{I1} = 0.3V$,$u_{I2} = 3V$,此时输出端电压为 5V > 3V > 0.3V,两个二极管均为正向偏置;但是由于 u_{I1} 和 u_{I2} 电位不相等,则两者导通之后的输出端将存在电位矛盾(1V 还是 3.7V)的现象。因此两个二极管只能有一个优先导通,即加载正向偏置电压高的二极管先导通(VD_1 优先导通),则此时输出端的电位根据二极管的导通压降钳位在 1V,所以二极管 VD_2 由于反向偏置则不会导通。根据上述分析,可以得到"与门"电路的输出电压波形如图 5-4b 所示,只有当 u_{I1} 和 u_{I2} 均为 3V 的时候,输出电压才是高电平(3.7V)。

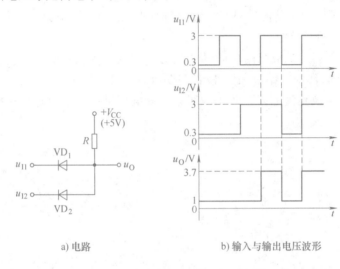

a) 电路　　　　　　　　　b) 输入与输出电压波形

图 5-4　　"与门"电路及电压波形

通过对这个电路的分析,可以得出二极管应用中的一个原则:**如果电路中出现两个以上二极管承受大小不相等的正向电压,则应判定承受正向电压较大者优先导通,其两端电压为导通电压降,然后再根据这个导通压降判断其他二极管的工作状态。**

(3)二极管保护电路　利用二极管的单向导电性可以将其用作保护器件,如图 5-5 所示的二极管"续流"保护电路。当开关 S 闭合时,直流电源 U 接通电感量较大的线圈,二极管 VD 由于外加反向偏置电压而截止,全部电流流过电感线圈。当开关 S 断开时,电感线圈中的电流迅速降为 0,电感量较大的线圈两端会产生很大的负瞬时电压。如果没有提供另外的电流通路,该暂态电压将在开关两端产生电弧,损坏开关。如果在电路中接入二极管 VD 时,二极管 VD 为

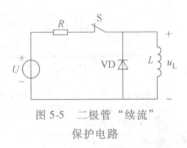

图 5-5　二极管"续流"
保护电路

电感线圈的放电电流提供了通路,使输出电压 u_L 的负峰值限制在二极管的正向压降范围内。开关 S 两端的电弧被消除,同时电感线圈中的电流将平稳地减少。

(4)限幅电路　限幅电路又称为削波电路,其功能就是把输出信号限制在输入信号的一定范围之内,或者说将输入信号的某部分"削掉"。二极管可以组成单向或者双向的限幅电路,图 5-6 所示为二极管双向限幅电路,设 u_i 是幅值大于直流电源 U_{C1}($= U_{C2}$)的正弦

波,二极管的限幅原理如表 5-2 所示。

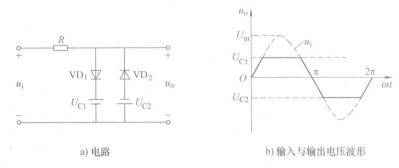

a) 电路　　　　　　　　b) 输入与输出电压波形

图 5-6　二极管双向限幅电路

表 5-2　二极管的限幅原理

外界条件	$0 < u_i < u_{C1}$	$u_i > u_{C1}$	$-u_{C2} < u_i < 0$	$u_i < -u_{C2}$
二极管的工作状态	VD_1、VD_2 截止	VD_1 导通、VD_2 截止	VD_1 截止、VD_2 导通	VD_1、VD_2 均截止
输出电压	$u_o = u_i$	$u_o = u_{C1}$	$u_o = -u_{C2}$	$u_o = u_i$

(5) 检波电路　无线电技术中经常要处理信号的远距离传输问题,即把低频信号(如声频信号)装载到高频振荡信号上并由天线发射出去。在电路分析时,通常将低频信号称为调制信号,高频振荡信号称为载波,受低频信号控制的高频振荡称为已调波,控制的过程成为调制。在接收地点,接收机天线接收到微弱的已调波信号,经放大后再设法还原成原来的低频信号,这一过程称为解调或者检波。

图 5-7a 为一已调波,图 5-7b 为二极管组成的检波器,其中 VD 为检波二极管,一般为点接触型二极管;C 为检波器负载电容,用于滤除检波后的高频成分;R_L 为检波器负载,用于获取检波后所需要的低频信号。由于二极管的单向导电性,已调波经过二极管的检波后,负半周被截去,如图 5-7c 所示。检波器负载电容将高频成分旁路,在 R_L 两端得到的输出电压就是原来的低频信号,如图 5-7d 所示。

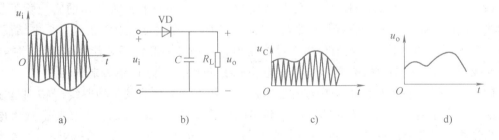

a)　　　　　b)　　　　　c)　　　　　d)

图 5-7　二极管检波电路

无论什么样的应用电路,二极管的分析都可以遵循下面的原则和方法:首先假设二极管断开,确定二极管两端的电位或电位差,以判断电路在二极管两端加的是正向电压还是反向电压。如果是正向电压,且大于开启电压,则二极管处于导通状态,两端的电压为二极管的导通压降;如果是反向电压则说明该二极管处于截止状态,相当于断开。再比如二极管的应用电路如图 5-8 所示。

在图 5-8a 中首先将 VD 断开，求得

$$U_A = U_C \frac{R_2}{R_1 + R_2} = 7.6(\mathrm{V}) \tag{5-1}$$

因此 VD 正向偏置导通，其等效电路如图 5-8b 所示，由此求得

$$U_A = \left(\frac{U_C}{R_1} + \frac{U_D}{R_3} \right) \Big/ \left(\frac{1}{R_1} + \frac{1}{R_2} + \frac{1}{R_3} \right)$$

$$= \left(\frac{10}{3} + \frac{0.7}{2} \right) \Big/ \left(\frac{1}{3} + \frac{1}{10} + \frac{1}{2} \right)$$

$$\approx 3.95(\mathrm{V}) \tag{5-2}$$

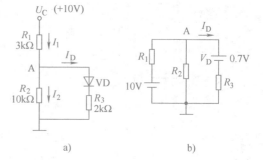

流过二极管的电流为

$$I_D = \frac{3.95 - 0.7}{2} \approx 1.63(\mathrm{mA}) \tag{5-3}$$

图 5-8　二极管的应用电路

3. 晶体管放大作用的全面理解

前面提到单个 PN 结构成一个二极管，实现了对电流方向的控制；两个"背靠背"的 PN 结则构成了一只晶体管，实现了对电流大小的控制，即具有了神奇的放大作用，这充分说明电子元器件的发展是具有结构上的继承性的。为了更好地了解晶体管是如何继承并发展了 PN 结的特殊作用，从而实现了放大的功能，需要对晶体管有一个全面的认识。

（1）内部需要满足的条件　从晶体管的内部结构可以看出，集电极和发射极之间为两个反向连接的 PN 结，这是否意味着可以用两只二极管反向连接成一只晶体管呢？答案是否定的。为什么呢？**这是因为在制造一只合格的晶体管时，要想使其具有放大能力，必须首先满足一定的内部条件：①发射区掺杂浓度远大于基区掺杂浓度；②基区宽度很薄（仅几微米左右）；③发射区与集电区虽是同型半导体，但两者根本不对称，集电区掺杂浓度比发射区掺杂浓度小得多，且集电区比发射区的面积大。因此在使用时，发射极与集电极不能互换。**由于这样的内部条件，很显然，两只二极管反向连接根本无法满足上述三个内部条件，所以它们不能等同于一个晶体管。

（2）外部需要满足的条件　晶体管具有电流放大作用，这种放大作用的实现除了晶体管结构上的内部条件之外，还需要外部条件的同时满足，那就是**发射结正偏、集电结反偏。只有当"内因"和"外因"同时作用于晶体管时，其内部的载流子才能够体现出"神奇"的电流控制作用——集电极电流 I_C 与基极电流 I_B 成正比，I_B 对 I_C 有控制作用。**

（3）由晶体管输出特性曲线看它的工作状态和特点　晶体管的特性曲线（特别是输出特性曲线）和主要参数是分析晶体管电路和实际中选择使用晶体管的主要依据。**放大电路中的晶体管工作在特性曲线中的线性区，此时基极电流控制集电极电流，晶体管元件等效为一个电流控制电流（CCCS）的受控源。脉冲数字电路中，晶体管工作在饱和或截止状态，此时的晶体管可以理解为受基极电流控制的电子开关，饱和时集电极和发射极之间的压降很小，可以近似为短路一样。而在截止时集电极电流近似为 0，集电极和发射极之间又似为开路一样。**表 5-3 总结了晶体管在输出特性曲线的三个不同工作区域对应的工作状态和特点。

表 5-3　晶体管的三种工作状态和特点

晶体管的工作状态	饱　和	放　大	截　止
外部条件	发射结正偏； 集电结正偏	发射结正偏； 集电结反偏	发射结零偏或反偏； 集电结反偏
工作特点	I_C 接近最大值； $U_{CE} \approx 0$	$I_C = \beta I_B$； U_{CE} 与 I_C 成线性关系	$I_C \approx 0$； $U_{CE} \approx V_{CC}$
用途	开关（闭合）	信号放大	开关（断开）

5.2　用二端口网络解析放大电路输入和输出电阻的含义

为了更好地分析放大电路与信号源以及负载之间的关系，可以将放大电路等效为一个二端口网络，如图 5-9 所示。从输入端看进去，放大电路等效为一个电阻 R_i，这个电阻就是放大电路的输入电阻；从输出端看进去可以等效为一个有内阻的电压源，这个内阻 R_o 就是放大电路的输出电阻。**利用二端口网络的这个等效模型，可以很清楚地看到，放大电路的输入电阻 R_i 不包含信号源的内阻 R_S；放大电路的输出电阻 R_o 中一定不可以包含负载 R_L。**

输入电阻这个性能指标实质上是反映放大电路对信号源的影响程度。为什么输入电阻能表明放大电路对信号源的影响程度呢？可以从这个二端口网络等效的模型中进行分析：由 $I_i = U_S / (R_s + R_i)$ 知，R_i 越大，则放大电路从信号源索取的电流 I_i 越小，信号源内阻上的电压就越小，而 $U_i = U_s - I_i R_s$，所以放大电路所

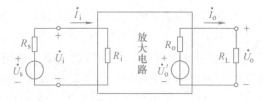

图 5-9　放大电路等效为二端口网络电路

得到的输入电压 U_i 就越接近于信号源的电压 U_s。由此可以看出，通常情况下一般希望放大电路输入电阻 R_i 能高一些，但是有时候也要根据实际需要而定。可以简单归结为：当放大电路主要用作电压放大时，应使输入电压尽可能接近于信号源电压，这时要求输入电阻 R_i 尽可能大，一般电子设备的输入电阻都比较大；当放大电路主要用作电流放大时，需要输入电流尽可能大，因此要求输入电阻 R_i 尽可能小。

输出电阻是反映放大电路带负载能力的性能指标。输出电阻 R_o 越小，负载电阻变化时，输出电压的变化越小，这时放大电路的带负载能力就强。因为 $U_o = U_o' R_L / (R_L + R_o)$，当输出电阻 R_o 趋于 0，则其输出电压 U_o 近似为恒压源，带负载能力达到最强，通常希望放大电路的输出电阻能低一些。若放大电路的输出电阻 R_o 趋于无穷大，则其输出 U_o 近似为恒流源。在设计电路时，输出电阻的大小应视负载的需求而定。

如图 5-10 所示，当两个放大电路相互连接时，放大电路 II（后级）的输入电阻 R_{i2} 是放大电路 I（前级）的负载电阻，它的大小能够影响前级放大电路的电压放大倍数；而放

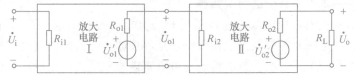

图 5-10　两级放大电路的结构示意图

电路 I 是放大电路 II 的信号源，信号源的内阻就是放大电路 I 的输出电阻 R_{o1}，这个内阻的大小会影响前级放大电路对后级放大电路的驱动能力。**由此可见，输入电阻和输出电阻两个性能指标正是描述了电子电路相互连接时所产生的影响。**

5.3 深刻理解放大电路的难点——交直流共存

前面提到模拟电子技术中的放大电路是交直流信号共存的，它们相互依存，如影随形，增加了分析的难度。以前电路分析基础的教学体系是将直流电路和交流电路放置在不同章节分别讲解，直流电路中只有单一的直流信号，交流电路中只有单一的交流信号，两者互不相干。因此，学生对模拟电路中直流信号和交流信号共存的情况束手无策。初学者从单一的直流或者交流电路分析过渡到交、直流共有的复杂电路，需要一个逐步适应的阶段。

5.3.1 非线性元件引出的放大电路中的难题

顾名思义，模拟电子技术中的放大电路，是用于放大输入信号的电路。这里必须首先弄清楚几个前提条件和放大的基本概念。

1）信号源提供的输入信号通常是交流小信号，对于信号源的这一特点，一定要认识到位，否则不能准确理解为什么放大电路需要直流的静态工作点；这一点也是可以将晶体管近似等效为 h 参数线性模型的前提。

2）**有源元件（晶体管和场效应管）是放大电路中控制能量转换的核心元件，即有源元件通过对直流能量的控制，将其转换为负载所需要的交流能量，使负载获得的能量远远大于信号源所提供的能量，有源元件这种控制转换能力必须通过使其工作在线性放大区才能实现。**

3）有源元件本身的外特性具有非线性，即它的工作状态存在截止、放大、饱和三个不同的区域，也就是说有源元件的特性并不是一成不变的线性，而是根据外加电压的不同条件处于不同的工作状态，从而呈现出不同的外特性。也就是说，并不是所有的外加电压都可以使有源元件工作在放大区。

4）放大电路必须满足不失真地、线性地放大输入信号才有意义，否则有源元件处于截止和饱和状态时放大电路产生的失真输出也可以视为正常了，显然这样的失真放大是不合要求的。

正是由于放大电路必须符合上述四个前提条件才能实现放大的功能，从而使得其必然是一个交直流共存的电路。因为信号源提供的交流信号不足以在整个周期内都使得有源元件工作在线性放大区，会出现部分时间内工作在截止区的现象。所以放大电路必须建立合适的直流静态工作点，才能够保证有源元件始终工作在线性放大区。**由此模拟电子技术中的放大电路就呈现出了两个鲜明的特点：①非线性元件和线性元件共存；②直流信号和交流信号共存。所以放大电路的难点来自于这两个共存。**

模拟电路中对放大电路中非线性元件的处理，其核心思想是线性化。并有两种解决思路：一是图解法；二是微变等效电路法。图解法是利用非线性器件的电气特性曲线，通过作图的办法来分析电路的工作情况。它的特点是可以直观形象地描绘出电路工作的全貌，求解放大器的静态工作点和动态指标，特别是可以分析电路的非线性失真情况及最大不失真输出。微变等效电路法的主要思路，则是在一定条件下将含三极管的非线性电子电路等效成含受控源的线性电路，利用线性电路的定理、定律来进一步分析放大电路。在这种方法中尤其要强调其应用的条件："微变"——即电路工作在交流小信号状态，而在大信号的情况下只能使用图解法，另外它只能求解电路的动态工作情况。**紧紧围绕以上两种思路，首先从线性思维过渡到非线性思维，然后用线性方法解决非线性难题，这是突破模拟电子技术课程入门难点的关键。**

5.3.2　"动静分离、先静后动"的分析方法

对于放大电路中交直流信号共存的复杂状况，需要采用"动静分离"的分析方法，即将动态（交流）信号和静态（直流）信号分开计算分析。相应地将放大电路分为交流通道和直流通道，静态工作点的计算在直流通路中进行，而动态技术指标的求解是在交流通路中进行。如此动静分离处理后就将放大电路的工作状态化难为易，可以直接利用"电路分析基础"中直流电路和交流电路的相关知识分别进行求解，最后再将求得的直流量和交流量叠加即得电路在交直流信号共同作用下的结果。

掌握该方法的关键是首先要正确画出直流通道和交流通道；其次基本概念要清楚：**电压放大倍数、输入电阻、输出电阻和频率特性等动态性能都是在交流通路（微变等效电路）中进行求解的，不可以在直流通路中求解这些参数。**画直流通路和交流通路的技巧：直流通道较为简单，放大电路中的所有电容开路，信号源 u_S 短接；放大电路中所有电容对交流信号近似成短路，直流电压源也交流短路即得交流通道。

这里需要深入理解"先静后动"的含义，交流信号之所以在正负半周均能被不失真地放大，是因为直流通道给放大电路设置了合适的静态工作点，所以对放大电路先进行静态分析然后再动态分析才有意义。

1. 放大电路静态分析的思路

对于不同结构的放大电路而言，进行静态分析必须首先正确地画出直流通路，然后利用电路基本原理求解 Q 点，具体包括 I_BQ、I_CQ 和 U_CEQ。下面举例说明放大电路进行静态分析时的思路。

对于图 5-11 所示的直接耦合基本共射放大电路，其静态工作点的分析，尤其是 I_BQ 的求解需要格外注意。

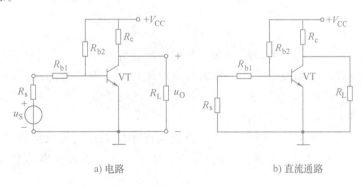

a) 电路　　　　　　　　　　　　　b) 直流通路

图 5-11　直接耦合共射放大电路

静态工作点的求取公式为

$$
\begin{cases}
I_{BQ} = \dfrac{V_{CC} - U_{BEQ}}{R_{b2}} - \dfrac{U_{BEQ}}{R_{b1} + R_s} \\
I_{CQ} = \beta I_{BQ} \\
U_{CEQ} = V_{CC} - I_{CQ}R_c
\end{cases}
\tag{5-4}
$$

式中，I_{BQ} 的求解利用了节点电流方程以及 R_{b1} 和 R_s 上的电压为晶体管 $b-e$ 间电压 U_{BEQ}。

2. 动态分析时的几个关键问题

对放大电路进行动态分析是希望能够了解其各项动态性能指标，包括电压放大倍数、输入与输出电阻、非线性失真情况、求解最大不失真输出电压。用图解法分析放大电路的非线性失真情况比较方便，求解其他交流性能指标用等效电路法。

（1）非线性失真分析

作为对放大电路的要求，一般应使输出电压尽可能的大，但它受到晶体管非线性的限制。当输入信号过大或者静态工作点选择不合适，输出电压波形将产生失真。这种由于晶体管非线性引起的失真，称为非线性失真。输入信号过大将导致输出电压波形失真，这一点很好理解，因为放大电路是借助于晶体管把直流电源的能量转换为交流能量，而直流电源的能量是有限的。当输入信号过大时，直流能量不足以转换为相应的交流能量，此时的晶体管肯定会进入饱和区，从而出现非线性失真。如果非线性失真是由静态工作点设置不合理而产生的，需要结合图解法进行分析。

下面对直流负载线和交流负载线进行分析。

1）交流和直流负载线的基本概念：首先需要明确的是直流负载线是依据放大电路的直流通路得来的，通常是在晶体管的输出特性曲线中讨论。下面以阻容耦合方式的基本共射放大电路为例来分析直流负载线的基本概念。既然是在晶体管的输出特性曲线中研究它，所以现在只关注直流通路中输出回路部分，如图 5-12a 所示。直流负载线描述的是集电极电流 i_C 和 u_{CE} 之间的关系，那么两者需要满足什么样的约束条件？以虚线 MN 为界将输出回路分成两部分，在电路左边是非线性元件晶体管，i_C 和 u_{CE} 需要满足晶体管的输出特性曲线，如图 5-12b 所示。在电路右边是晶体管的外电路 V_{CC} 和 R_c，它们是线性元件，i_C 和 u_{CE} 满足基尔霍夫电压定律 $u_{CE} = V_{CC} - i_C R_c$。根据两个特殊点 $\left(0, \dfrac{V_{CC}}{R_C}\right)$ 和 $(V_{CC}, 0)$ 确定了这条直线，如图 5-12c 所示。因为它反映了直流通路中放大电路所接外电路的伏安特性，所以称为直流负载线，它的斜率为 $-\dfrac{1}{R_C}$。

由于输出回路中左右两边电路是连在一起的，所以 i_C 和 u_{CE} 应该同时满足左边的晶体管输出特性曲线和右边的直流负载线，二者的交点就是放大电路的静态工作点 Q，如图 5-12d 所示。这样根据估算的 I_{BQ} 就可以求出 I_{CQ} 和 U_{CEQ}，由此可见借助于直流负载线的引入，可以很方便地求解出放大电路的静态工作点 Q。

对于直流负载线，也可以这样理解：在直流通路中，无论输入回路中的基极电流 I_{BQ} 如何取值，由它确定的 I_{CQ} 和 U_{CEQ} 始终都是在这条直线上，所以**直流负载线是放大电路静态工作点 Q 的"集合"**。

还是以阻容耦合基本共射放大电路为例来分析交流负载线的基本概念。将此时放大电路交流通路对应的输出回路用图 5-13a 所示，交流负载线描述的是交流部分即变化量 Δi_C 和

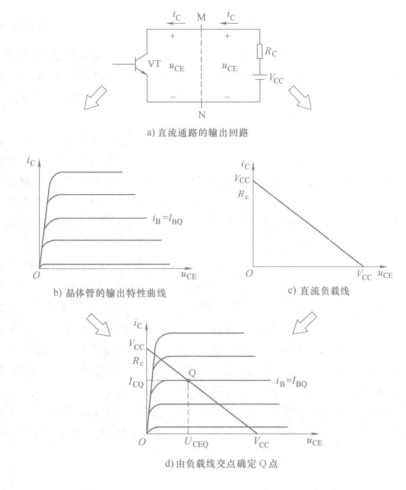

a) 直流通路的输出回路

b) 晶体管的输出特性曲线

c) 直流负载线

d) 由负载线交点确定 Q 点

图 5-12　阻容耦合基本共射放大电路的直流负载线

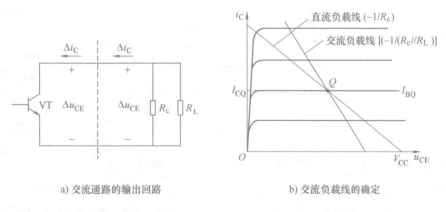

a) 交流通路的输出回路

b) 交流负载线的确定

图 5-13　阻容耦合基本共射放大电路的交流负载线

Δu_{CE} 之间的对应关系。用同样的方法可以知道：Δi_C 和 Δu_{CE} 之间既满足左边晶体管的输出特性又满足右边基尔霍夫电压定律的线性关系，此时的斜率不是 $-\dfrac{1}{R_c}$，而是 $-\dfrac{1}{R_c /\!/ R_L}$。静态工作点 Q 可以理解为变化量为 0 的全量，也就是说 Q 点是交流负载线上的一个点，它是晶体管工作的交流零点；因此通过 Q 点做一条斜率为 $-\dfrac{1}{R_{\mathrm{C}}\,/\!/\,R_{\mathrm{L}}}$ 的直线就是放大电路的交流负载线。**在晶体管的输出特性曲线上以全量（叠加 Q 点）的变化量画出这条直线，则这条交流负载线就可以理解为晶体管工作点（静态直流量 Q + 动态交流量）的运动轨迹。**借助于交流负载线，可以很方便地分析出放大电路的动态性能指标——最大不失真输出电压，具体求解的办法在后面的论述中会详细讲解。

2）放大电路交流和直流负载线引入的意义：由上述分析交流和直流负载线基本概念的过程，可以很自然地了解到：**在分析放大电路时，借助于直流负载线可以很快地确定出静态工作点 Q；借助于交流负载线可以很方便地求解出最大不失真输出电压；这就是引入交直流负载线的意义所在。**除此之外，在分析这两条负载线时，输出回路左边是非线性元件，右边是线性元件；静态工作点 Q 是变化量为 0 的特殊工作点；这些都说明了放大电路中非线性元件和线性元件并存，直流量和交流量并存。

3）放大电路耦合方式对交流和直流负载线的影响：前面分析的是阻容耦合放大电路的交流和直流负载线，这种耦合方式下两者是不重合的。根据两者的斜率，可以很容易地判断：此时放大电路所接负载的大小对直流负载线没有影响，但对交流负载线是有影响的。

那么对于直接耦合形式的放大电路而言，情况又是怎样的呢？首先根据直接耦合放大电路在两种通路中拥有相同的外电路，可以得出：此时交流和直流负载线是重合的，斜率是一致的，也就是说在这种耦合方式下放大电路所接负载的大小对这条重合的负载线是有影响的。这一点与前面阻容耦合的情况是有所区别的。

4）最大不失真输出电压的求解：基本共射放大电路如图 5-14a 所示，图 5-14b 所示是晶体管的输出特性，静态时 $U_{\mathrm{BEQ}}=0.7\mathrm{V}$。利用图解法分别求出 $R_{\mathrm{L}}=\infty$ 和 $R_{\mathrm{L}}=3\mathrm{k}\Omega$ 时的静态工作点和最大不失真输出电压（有效值）U_{om}。

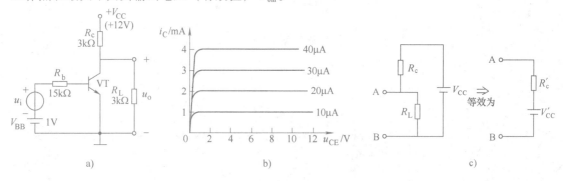

图 5-14　基本共射放大电路

解：$R_{\mathrm{L}}=\infty$ 即空载时：首先计算静态（$u_{\mathrm{i}}=0$）基极电流的大小为

$$I_{\mathrm{BQ}}=\frac{V_{\mathrm{BB}}-U_{\mathrm{BEQ}}}{R_{\mathrm{b}}}=20\mu\mathrm{A}\qquad(5\text{-}5)$$

根据两个特殊点（$V_{\mathrm{CC}}=12\mathrm{V},\ 0$）和 $\left(0,\ \dfrac{V_{\mathrm{CC}}}{R_{\mathrm{C}}}=4\mathrm{mA}\right)$ 在输出特性曲线上作出空载时的负载线（此时交直流负载线重合），如图 5-15 所示。

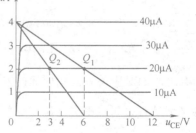

图 5-15　基本共射放大电路的图解法

由 $I_{BQ} = 20\mu A$ 求出此时的静态工作点 Q_1（$U_{CEQ} = 6V$，$I_{CQ} = 2mA$），最大不失真输出电压峰值为

$$U_{omax} = \min\{V_{CC} - U_{CEQ}, U_{CEQ} - U_{CES}\} \approx 6V - 0.7V = 5.3(V) \qquad (5\text{-}6)$$

有效值约 3.75V。

$R_L = 3k\Omega$ 即带载时：首先利用戴维南定理对输出回路进行等效变换如图 5-14 所示，求出等效电源和等效电阻为

$$V'_{CC} = \frac{R_L}{R_c + R_L}V_{CC} = 6V$$

$$R'_c = R_c /\!/ R_L = 1.5k\Omega$$

此时的负载线（也重合）可以表示为 $u_{CE} = V'_{CC} - i_C R'_c$；同样根据两个特殊点（$V'_{CC}$，0）和 $\left(0, \dfrac{V'_{CC}}{R'_c}\right)$ 在输出特性曲线上作出对应的直线（图 5-15），确定出静态工作点 Q_2（$U_{CEQ} = 3V$，$I_{CQ} = 2mA$）。

最大不失真输出电压峰值约 2.3V，有效值为 1.63V。

（2）用等效电路法进行动态分析时的技巧

等效电路法的基本思想是将非线性的晶体管线性化，即在一定条件下用线性电路来等效晶体管，然后用分析一般线性电路的方法来分析放大电路。由于各种放大电路的结构特点不同，所以其微变等效电路图的画法变化较大，如何较好地掌握这种重要的分析方法呢？是否存在一个比较规律性的原则可以将各种放大电路的微变等效图进行统一呢？动态分析的原则和技巧：**画微变等效电路图时，要牢记中间突破、两边延伸的原则，"中间"指的是晶体管本身的动态模型，"两边"指的是输入回路和输出回路**；下面结合共集放大电路的例子来进一步解释这种方法。

具体画法：首先必须清楚晶体管简化以后的 h 参数等效模型：$b-e$ 之间是电阻 r_{be}，$c-e$ 之间是受控电流源 βI_b，确定三个电极 b、c、e 的位置后，将电阻 r_{be} 和受控电流源 βI_b 画在相应的电极之间，标好各个电流量，得到图 5-16b。然后根据共集放大电路的结构将微变等效图向下延伸，集电极 c 应该交流接地，而后确定发射极电阻 R_E 的位置，在 e 极和地之间，得到图 5-16c。最后由输入回路和输出回路完成电阻 R_B、R_L 的画法，R_B 在 b 极和地之间（直流电源交流接地），R_L 在 e 极和地之间，得到图 5-16d 标出输入电压和输出电压，至此共集放大电路完整的微变等效电路图就画完了。

接下来分析动态性能指标：电压放大倍数、输入电阻和输出电阻。这里需要注意的是，**流过发射极电阻 R_E 的电流并不是 I_e、R_E 和 R_L 并联以后的总电流才是发射极电流 I_e，因此**

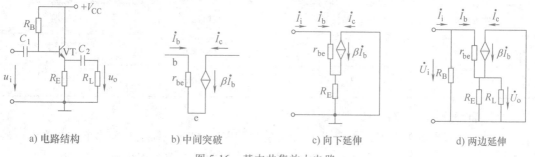

a) 电路结构　　　　b) 中间突破　　　　c) 向下延伸　　　　d) 两边延伸

图 5-16　基本共集放大电路

输出电压的表达式为

$$\dot{U}_o = \dot{I}_e R'_L = (1 + \beta) \dot{I}_b R'_L \tag{5-7}$$

式中

$$R'_L = R_E /\!/ R_L$$

输入电压的表达式应该选择基极电流 I_b 所流过的支路，即图 5-16d 中电阻 r_{be} 所在的支路，**而不是选择电阻 R_B 所在的支路**，则

$$\dot{U}_i = \dot{I}_b r_{be} + \dot{I}_e R'_L = \dot{I}_b r_{be} + (1 + \beta) \dot{I}_b R'_L \tag{5-8}$$

这里可以看出共集放大电路的输入电压中包括了输出电压，所以电压放大倍数小于 1，即

$$A_u = \frac{\dot{U}_o}{\dot{U}_i} = \frac{(1 + \beta) \dot{I}_b R'_L}{\dot{I}_b r_{be} + (1 + \beta) \dot{I}_b R'_L} = \frac{(1 + \beta) R'_L}{r_{be} + (1 + \beta) R'_L} \tag{5-9}$$

由此可见，共集放大电路并没有放大电压量，而是输出电压近似跟随输入电压，那是不是共集放大电路就没有放大能力呢？不是，因为输出电流是发射极电流 I_e，电流得到了放大，所以电路还是有放大能力的。

3. 几种基本放大电路的比较和总结

（1）电路结构的特点

由于放大电路的输入端和输出端共有四个端子，而晶体管只有三个电极，所以其中必然有一个电极是作为输入端和输出端的"公共端"。根据输入与输出公共端所接晶体管的电极不同，基本放大电路有共发射极、共集电极和共基极三种基本连接方式。尽管放大电路的具体结构可以"千变万化"，但是电路的基本组态都是基于这三种；三种基本放大电路的输入与输出电极接法如表 5-4 所示。从表中可以看出：**基极和发射极都可以作为输入电极，三种接法中只有共集放大电路，集电极是作为了公共端，不可能再成为输出电极，而其他的接法中输出电极都是集电极。这些放大电路结构特点的说明：在晶体管的电流控制作用中，集电极电流是从属于基极电流的，基极与集电极的这种"控制"与"被控制"的关系决定了集电极只能作为输出电极或者交流公共端，不能成为输入电极；这也说明了晶体管的电流控制作用是不可逆的。**

表 5-4　三种基本放大电路输入与输出电极的接法

基本电路的接法	共射放大电路	共集放大电路	共基放大电路
输入电极	基极 b	基极 b	发射极 e
输出电极	集电极 c	发射极 e	集电极 c
公共端	发射极 e	集电极 c	基极 b

（2）静态分析的思路不同

对于几种基本放大电路，它们 Q 点分析的思路不尽相同，需要根据各自电路的结构特点依次求解出 I_{BQ}、I_{CQ} 和 U_{CEQ}，表 5-5 总结了四种常见放大电路静态分析的求解思路。

表 5-5　几种基本放大电路静态分析思路对比

项目	基本共射放大电路	射极分压式偏置电路	基本共集放大电路	基本共基放大电路
电路结构图				
直流通路				
Q点求解思路	求解顺序 I_{BQ}，I_{CQ}，U_{CEQ} $I_{BQ}=\dfrac{V_{CC}-U_{BEQ}}{R_b}$ $I_{CQ}=\beta I_{BQ}$ $U_{CEQ}=V_{CC}-I_{CQ}R_c$	求解顺序 U_{BQ}，I_{EQ}，I_{BQ}，U_{CEQ} $U_{BQ}\approx\dfrac{R_{b1}}{R_{b1}+R_{b2}}V_{CC}$ $I_{EQ}=\dfrac{U_{BQ}-U_{BEQ}}{R_e}$ $I_{BQ}=\dfrac{I_{EQ}}{1+\beta}$ $U_{CEQ}=V_{CC}-I_{CQ}R_C-I_{EQ}R_e$	求解顺序 I_{BQ}，I_{EQ}，U_{CEQ} $I_{BQ}=\dfrac{V_{BB}-U_{BEQ}}{R_b+(1+\beta)R_e}$ $I_{EQ}=(1+\beta)I_{BQ}$ $U_{CEQ}=V_{CC}-I_{EQ}R_e$	求解顺序 I_{EQ}，I_{BQ}，U_{CEQ} $I_{EQ}=\dfrac{V_{BB}-U_{BEQ}}{R_e}$ $I_{BQ}=\dfrac{I_{EQ}}{1+\beta}$ $U_{CEQ}=U_{CQ}-U_{EQ}$ 　　$=V_{CC}-I_{CQ}R_e+U_{BEQ}$

由表 5-5 可以看出，放大电路的结构不同，静态分析的时候各个电流量求解的顺序是不同的，电压 U_{CEQ} 的表达式也是略有差异的。

（3）几种放大电路动态分析时的电阻归算

三种基本放大电路在进行动态分析时，除了电压放大倍数的差异，一个很重要的基本概念需要引起特别的重视，那就是关于电阻的归算。为了更快捷地求取放大电路的输入与输出电阻，模拟电子技术中引入了"电阻归算或电阻折算"的方法。下面结合具体的放大电路来介绍电阻折算的概念以及需要注意的折算方向。

1）共集放大电路：如图 5-17 所示，先求输入电阻 R_i，根据输入电阻的定义 $R_i=\dot{U}_i/\dot{I}_i$，可得

$$\dot{U}_i=\dot{I}_b(r_{be}+R_b)+\dot{I}_eR_e \tag{5-10}$$

则

$$R_i=\frac{\dot{U}_i}{\dot{I}_i}=r_{be}+R_b+(1+\beta)R_e \tag{5-11}$$

其中，R_e 必须要进行电阻的折算：即乘以 $1+\beta$；如何更好地理解电阻的折算并利用这个概

念方便地求解输入与输出电阻呢？可以从电路的结构和基本的串、并联电路特点来分析。从基本共集放大电路与微变等效电路图 5-17 中的电路结构可以看出，R_b、r_{be} 和 R_e 是"串联"在一起的，依据基本的串联电路特点，流过 R_b、r_{be} 和 R_e 的电流应该是相等的，但事实上两个电流是不同的。如果将发射极的电流也折合为基极电流，那么 R_b、r_{be} 和 R_e 就可以"被认为"是流过相同的电流了，这两部分的电阻就可以直接相加了。即把 $\dot{I}_b(r_{be}+R_b)$ 和 $(1+\beta)\dot{I}_b R_e$ 理解为 $\dot{I}_b(r_{be}+R_b)$ 和 $\dot{I}_b(1+\beta)R_e$，因为流过的电流都看作是基极电流 $\dot{I}_b$，所以两部分电阻 $r_{be}+R_b$ 和 $(1+\beta)R_e$ 可以直接相加。

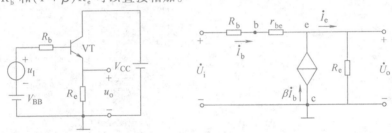

a) 基本共集放大电路　　　　　　b) 微变等效电路

图 5-17　基本共集放大电路与微变等效电路

下面求输出电阻 R_o，根据定义用加压求流法，将信号源短接，负载开路；输出端加外接电压 $\dot{U}_o$，得到相应的电流 $\dot{I}_o$。此时对应的微变等效电路图如图 5-18 所示。

电流 $\dot{I}_o$ 的表达式为

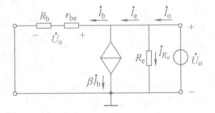

$$\dot{I}_o = \dot{I}_e + \dot{I}_{R_e} = \dot{I}_b + \beta\dot{I}_b + \dot{I}_{R_e}$$
$$= \frac{\dot{U}}{r_{be}+R_b} + \beta\frac{\dot{U}}{r_{be}+R_b} + \frac{\dot{U}}{R_e} \qquad (5\text{-}12)$$

输出电阻的定义为

图 5-18　微变等效电路图

$$R_o = \frac{\dot{U}_o}{\dot{I}_o} = 1\bigg/\bigg(\frac{1+\beta}{r_{be}+R_b}+\frac{1}{R_e}\bigg) = R_e /\!/ \frac{r_{be}+R_b}{1+\beta} \qquad (5\text{-}13)$$

共集放大电路求解输出电阻时，也可以这样分解电路，如图 5-19 所示。

输出电阻 $R_o = R_o' /\!/ R_e$，$R_o' = \dfrac{\dot{U}}{\dot{I}_e}$，很显然 R_o' 是以发射极电流 $\dot{I}_e$ 为基准的，所以左边的等效电阻 $r_{be}+R_b$ 应该除以 $1+\beta$，得到

$$R_o' = \frac{\dot{U}}{\dot{I}_e} = \frac{r_{be}+R_b}{1+\beta} \qquad (5\text{-}14)$$

则输出电阻为

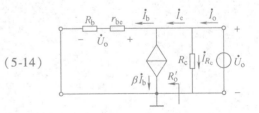

图 5-19　共集放大电路（求解输出电阻）

$$R_o = R_o' /\!/ R_e = R_e /\!/ \frac{r_{be} + R_b}{1 + \beta} \tag{5-15}$$

2）共基放大电路：下面就根据上面介绍的电阻折算概念来求解共基放大电路的输入电阻，先画出此时的基本共基放大电路与微变等效电路图，如图 5-20 所示。

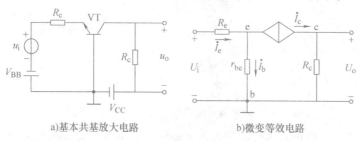

a)基本共基放大电路　　　　　　　b)微变等效电路

图 5-20　基本共基放大电路与微变等效电路图

输入电阻 $R_i = \dfrac{\dot{U}_i}{\dot{I}_e}$，是以发射极电流为基准，所以要对电阻 r_{be} 进行电阻的折算，即

$$R_i = R_e + \frac{r_{be}}{1 + \beta} \tag{5-16}$$

由上述分析可以看出，如果引入了电阻折算的概念，以后在分析放大电路输入电阻和输出电阻时就不必每次根据定义来求解，而可以根据电路的结构和电阻折算的概念更快捷地求取。

5.4　从精确的理论求解到估算的工程思维

如前面分析模拟电路中影响电路工作状态的因素往往很复杂，加之电子器件的特性和参数的分散性较大，因此在对电路进行分析计算时要从实际出发，抓主要矛盾，用工程的观点进行估算，以达到事半功倍的效果。然而长期以来学生一直接受的学习观念是，求解问题要求逻辑上的严密和数学上的精确，但在模拟电路中这种惯性思维却往往成为解题的障碍，它使问题复杂化甚至无从下手。学生初学模拟电子技术时脑中还没有建立工程概念，所以从精确、严谨到粗略、估算需要慢慢扭转思维习惯。

5.4.1　培养工程化的观点

模拟电路的求解中，很多地方用到近似估算。例如，微变等效电路法就是在小信号的条件下将含有晶体管的非线性电路等效成线性电路，但实质上即使在小范围内晶体管的输入与输出特性曲线也是非线性的，所以等效成线性只是一种近似。这种近似的估算是典型的将问题工程化的观点。因为工程思维中关注的是效果、操作性等更实际的问题。例如，对于射极分压式偏置放大电路，如图 5-21 所示，在求解静态工作点 Q 时由于分支电流 $I_{BQ} \ll I_2$，故可以将两只分压电阻 R_{b1}，R_{b2} 近似看成串联，因此基极电位 U_{BQ} 估算为两电阻对 V_{CC} 分压后 R_{b1} 上的电压。虽然用戴维南定理也可以精确地求出 U_{BQ}，但推算过程烦琐，而近似方法既简便快捷又基本上不影响结果的正确性。

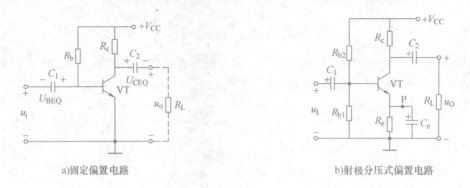

a)固定偏置电路   b)射极分压式偏置电路

图 5-21   固定偏置电路与射极分压式偏置电路

模拟电子技术中工程化的典型例子：负反馈电路的分析计算，这部分内容是模拟电路中的一大难点，过多复杂的数学推算往往掩盖了问题的本质，甚至难以求得其解。因为在深度负反馈的条件下 $AF \gg 1$，故电压放大倍数的求解可近似为 $A_f \approx 1/F$，利用该式求解，非常简洁方便，直达问题核心。当然类似的近似估算在模拟电路的分析中比比皆是，通过这些例子可以更好地理解近似和忽略不仅使计算简化，更重要的是其结果依然能够较好地与实际相符。这种工程化观点的培养对学习电子技术领域的专业知识是非常重要的。下面是模拟电子技术中比较经典的近似估算实例，包括静态工作点 Q 电路、深度负反馈放大电路的分析（见 5.6 节），了解近似估算与精确求解之间的比较可以有助于直观、深刻地理解估算的意义。

5.4.2   静态 Q 点稳定电路分析中隐含的认知规律、近似估算和工程思维方法

根据对基本共射放大电路的动态分析可以知道：静态工作点 Q 虽然是直流量，但它通过晶体管的动态电阻 r_{be}（$r_{be} \approx r'_{bb} + (1+\beta)\dfrac{U_T}{I_{EQ}}$，这个电阻和 I_{EQ} 即 Q 点有关）影响了放大电路的电压放大倍数、输入电阻（这两个参数都与 r_{be} 有关）；通过 U_{CEQ} 影响了放大电路的最大不失真输出电压等动态参数。所以这不仅说明合理的静态是放大电路动态放大的前提，而且 Q 点的稳定对放大电路保证正常线性地放大至关重要。下面以静态工作点 Q 稳定电路为例，介绍模拟电子技术中近似估算的方法以及在解决 Q 点稳定问题时使用的工程思维方式。

1. 静态 Q 点稳定电路的结构特点

首先来看这个电路与固定偏置电路在结构上的区别，如图 5-21 所示。对比两个基本放大电路中的元器件，图 5-21b 中的 Q 点稳定电路增加了两个电阻 R_{b1} 和 R_e，其中 R_{b1} 的存在保证了放大电路中基极电位 U_B 近似不变，发射极电阻 R_e 引入了直流负反馈，起到稳定 Q 点的作用。电子技术中通常遵循"结构决定性能"的原则，因此射极分压式偏置电路结构上的这两个改变正是为了创造稳定 Q 点的条件。下面通过分析这个电路稳定 Q 点的原理来看条件是如何应用的。

电路稳定 Q 点的原理：

$$T \uparrow \longrightarrow I_C \uparrow \longrightarrow U_E \uparrow \longrightarrow U_{BE} \downarrow$$
$$I_C \downarrow \longleftarrow I_B \downarrow$$

外界环境温度升高，晶体管的集电极电流增大，由此发射极电流增大，发射极电阻两端

压降随之升高即 U_{E} 增大。因为 B 点的电位固定，所以晶体管的输入电压 $U_{\mathrm{BE}} = U_{\mathrm{B}} - U_{\mathrm{E}}$ 减小。根据晶体管的输入特性曲线可以知道：输入电压减小，基极电流就会减小，所以集电极电流也就降低了。在整个 Q 点稳定的过程中，发射极电阻介于输入和输出回路中间，它"携带"着输出电流 I_{C}（$I_{\mathrm{E}} \uparrow$）的变化。通过 $U_{\mathrm{E}} \uparrow$ 转换为对输入电压 $U_{\mathrm{BE}} \downarrow$ 的影响，从而起到稳定 Q 点 $I_{\mathrm{C}} \downarrow$。上述分析中 **$U_{\mathrm{BQ}}$ 的电位固定和发射极电阻 R_{e} 的直流负反馈作用对稳定 Q 点来说两者缺一不可。**

2. 电路中估算的重要性

前面已经提到固定偏置电路和射极分压式偏置电路在进行静态工作点 Q 分析时，其求解顺序有所不同。除此之外，对于射极分压式偏置电路，求解静态工作点时由于分支电流 $I_{\mathrm{BQ}} \ll I_2$，故可以将两只分压电阻 R_{b1}，R_{b2} 近似看成串联，因此基极电位 U_{BQ} 估算为两电阻对 V_{CC} 分压后 R_{b1} 上的电压。虽然用节点电流方程也可以精确地求出 U_{BQ}，但推算过程烦琐，而近似方法既简便快捷又基本上不影响结果的正确性。下面通过具体比较来说明放大电路中估算的重要性。

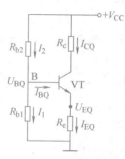

图 5-22　直流通路电路

画出射极分压偏置电路的直流通路，如图 5-22 所示。已知电路的参数如下：
$$R_{\mathrm{b1}} = 2.5\mathrm{k\Omega}, R_{\mathrm{b2}} = 7.5\mathrm{k\Omega}, R_{\mathrm{e}} = 2\mathrm{k\Omega}, R_{\mathrm{e}} = 1\mathrm{k\Omega}, V_{\mathrm{CC}} = 12\mathrm{V}, \beta = 30$$

对图 5-22 中的直流通路列出下面的方程组：

$$\begin{cases} \dfrac{V_{\mathrm{CC}} - U_{\mathrm{BQ}}}{R_{\mathrm{b2}}} = I_{\mathrm{BQ}} + \dfrac{U_{\mathrm{BQ}}}{R_{\mathrm{b1}}} \\[3mm] \dfrac{U_{\mathrm{BQ}} - U_{\mathrm{BEQ}}}{R_{\mathrm{e}}} = (1 + \beta)I_{\mathrm{BQ}} \end{cases} \tag{5-17}$$

代入参数进行精确求解，$U_{\mathrm{BQ}} = 30I_{\mathrm{BQ}} + 0.7$，求出 $I_{\mathrm{BQ}} = 72.16\mathrm{\mu A}$，$U_{\mathrm{BQ}} = 2.86\mathrm{V}$。

如果利用 $I_2 \gg I_{\mathrm{BQ}}$，R_{b1} 和 R_{b2} 看作近似串联关系，直接按照分压公式依次解出

$$U_{\mathrm{BQ}} \approx \frac{R_{\mathrm{b1}}}{R_{\mathrm{b1}} + R_{\mathrm{b2}}}V_{\mathrm{CC}} = 3\mathrm{V}, \quad I_{\mathrm{EQ}} = \frac{3 - 0.7}{R_{\mathrm{e}}} = 2.3\mathrm{mA}, \quad I_{\mathrm{BQ}} = \frac{I_{\mathrm{EQ}}}{1 + \beta} \approx 74\mathrm{\mu A} \tag{5-18}$$

对比两种方法求解出的基极电流，只相差不到 $2\mathrm{\mu A}$，B 点电位只相差 $0.14\mathrm{V}$；很显然后者的近似估算方法并没有影响到计算结果的正确性，但是却简单快捷，这就是工程化中估算的重要性。

3. 射极分压式偏置电路中的工程思维

俗语说得好："以毒攻毒"，而射极分压式偏置电路正是应用了工程中常见的以"变化"应"变化"的补偿思路来解决 Q 点稳定的问题，即温度引起 Q 点的变化，电路采用直流负反馈把这种变化"返回去"影响输入电压，从而使得 Q 点朝着相反的方向变化，保证了 Q 点的基本不变。同样是在这种工程思维的"指引"下，可以通过其他的途径实

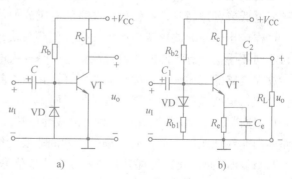

图 5-23　利用二极管特性稳定 Q 点电路

现补偿的目的。例如，利用热敏电阻和二极管的正向特性以及热敏电阻和二极管的反向特性分别可以实现用温度补偿的方法来稳定 Q 点，如图 5-23 所示。这也是一种以"变化"应"变化"的思路，只是具体实现和采用的电路不同。

4. 分析 Q 点稳定电路隐含的认知规律

对于这个电路的提出和引入，应该遵循下面的认知分析规律，如表 5-6 所示。客观上的不稳定带来什么样的后果？（看到现象）——是什么样的原因使它不稳定的？（分析问题）——怎么稳定它？（解决问题）——在稳定的过程中会不会遇到新的问题呢？（螺旋式的过程：新问题——再分析——再解决）

表 5-6　Q 点稳定电路隐含的认知规律

问题	分析依据	结论
Q 点客观上的不稳定会带来什么样的后果？	放大电路的哪些参数中包含了 Q 点？	Q 点影响了放大电路的电压放大倍数、输入电阻、最大不失真输出电压等重要参数
是什么样的原因使它不稳定的？	根据 Q 点的表达式分析它与哪些因素有关？	I_{BQ} 与电源电压的波动、电阻的老化以及温度有关；影响最大的是温度
怎么稳定它？	以"变化"应"变化"的工程思维方法	基极电位固定的必要性；直流负反馈的引入
稳定的过程中会不会遇到新的问题呢？	新问题：发射极电阻的引入降低了电路的电压放大倍数	在发射极电阻两端并联旁路电容，这样发射极电阻既能稳定 Q 点又不影响电压放大倍数

通过对射极分压式偏置电路的分析，可以了解到这样一个认知的过程：能够正确地对电路进行静态和动态的分析只是学习的第一步。除此之外，还应该注意领悟和挖掘电路背后蕴含的方法和思路。由此才能真正理解隐含在知识获得过程中最深层的本质问题：即电子技术科学的发展就是一个提出问题、解决问题、引出新问题、又解决新问题的过程，这是一个寻找缺陷弥补不足、螺旋式上升的过程。

5.5　解惑放大电路的频率特性

5.5.1　频率失真（线性失真）

在放大电路中，由于耦合电容、旁路电容及晶体管结电容等电抗元件的影响，当输入信号频率过低或者过高时，不仅放大电路的电压放大倍数减小，而且输出电压还会产生附加相移，这样输出信号的波形就会产生失真（幅频失真或相频失真）。这种失真现象说明放大电路对不同频率信号有不同的传输特性，这就是放大电路的频率响应。

放大电路的上述失真也称为线性失真，它和先前提到的非线性失真虽然都会使输出信号发生畸变，但两者产生的原因和结果却不同。

1）原因不同：线性失真由电路中的线性电抗元件（如电容等）引起的；非线性失真由电路中的非线性元件（晶体管或场效应管的非线性等）引起。

2）结果不同：线性失真只会使各频率分量信号的幅值比例关系和时间关系（表现为相位偏移）发生变化，但不产生输入信号中所没有的新的频率分量信号；而非线性失真会产生输入信号中所没有的新的频率分量信号。

　　为了更好地理解幅频失真和相频失真，下面具体说明这种线性失真是如何产生的？

　　在模拟电子技术中，各种待放大的信号都不是单一频率信号，而是由许多不同频率分量组成的占据一定频率范围的复杂信号。要想不失真地放大这些多频率成分信号，就要求放大电路对信号中的每一个频率成分都能基本均匀放大，否则放大电路输出信号就会失真。

　　假设待放大的输入信号 u_i 是由如图 5-24a 虚线所示的基波（ω_1）和三次谐波（$3\omega_1$）两个频率分量组成，两个分量合成以后的信号波形如图 5-24 实线所示。由于放大电路中电抗元件的存在，若放大电路对三次谐波的电压放大倍数小于对基波的电压放大倍数，那么放大后的信号中基波和三次谐波两个频率分量的大小比例将不同于输入信号，这样放大电路的输出信号将出现失真，频率失真波形图如图 5-24b 实线所示。这种由于放大电路对不同频率成分放大倍数大小不同引起的失真称为幅频失真。

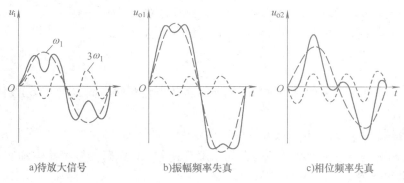

a)待放大信号　　　　　b)振幅频率失真　　　　　c)相位频率失真

图 5-24　频率失真波形图

　　同样地，若各频率成分经放大后，相位变化不一致，也会引起信号的失真；图 c 中实线表示出了三次谐波成分相位变化不一致引起失真后的波形，这种失真称为相频失真。

　　下面要分析的主要内容：具体放大电路中的电抗元件是如何影响放大电路的频率特性呢？不同类型的电容元件对放大电路的影响是不同的，其中主要以耦合电容、旁路电容和PN 结极间电容影响最大，这些影响可以简单归纳在表 5-7 中。

表 5-7　电容元件在各个频段内的作用

$X_C = 1/（j\omega C）$	低频	中频	高频
耦合电容 旁路电容	频率降低，耦合电容和旁路电容的容抗变大，不能视为短路，必须考虑它们对信号的分压作用（耦合电容）和放大倍数的影响（旁路电容）	由于电容值较大，所以容抗很小，可视为短路	频率升高，耦合电容和旁路电容的容抗减小，更可视为短路
结电容	频率降低，结电容的容抗增大，更可视为开路	由于结电容很小，所以容抗很大，可视为开路	频率升高，结电容的容抗减小，不能视为开路，必须考虑它的分流作用

　　由表 5-8 的分析可以得出：放大电路低频区电压放大倍数减小的原因是耦合电容和发射极（或源极）旁路电容随频率降低其容抗变大，耦合电容的分压作用不可忽视，旁路电容

对放大倍数的衰减作用不可忽略，导致放大电路净输入电压（加在基极—发射极或栅源极间的电压）和输出电压减小所致。放大电路高频区放大倍数减小的原因是晶体管（或场效应晶体管）极间电容随频率升高其容抗变小，其分流作用不可忽略，导致放大电路净输入电压和输出电压减小所致。

综上所述，讨论放大电路低频区频率特性时，需要考虑耦合电容和发射极旁路电容的影响；讨论放大电路高频区频率特性时，需要考虑晶体管极间电容的影响；讨论中频区频率特性时，耦合电容、发射极旁路电容和晶体管极间电容的影响均可忽略。由此也可以得出以下结论：

1）直接耦合放大电路因为不包含耦合电容和旁路电容，所以低频特性好。

2）阻容耦合放大电路中的耦合电容和旁路电容越多，低频性能越差，下限截止频率越高。

3）放大电路的级数越多，上限频率越低，通频带越窄。

4）放大电路中任何一个电容所确定的截止频率表达式均为

$$f_{\text{L}}(f_{\text{H}}) = \frac{1}{2\pi\tau}$$

式中，τ 为该电容所在回路的时间常数。因而判断截止频率的高低实质上就是判断电容所在回路等效电阻的大小。

对于阻容耦合基本放大电路低频特性和高频特性的分析，最终可以等效为 RC 高通电路和 RC 低通电路频率特性的分析，所以首先了解这两种 RC 电路的频率特性和它们之间的相互关系就显得很重要。

5.5.2　RC 低通和 RC 高通电路的对偶关系

对于信号频率具有选择性的电路称为滤波电路。其作用是允许一定频率范围内的信号顺利通过，而阻止或滤除其他频率范围的信号。滤波电路在通信、电子信息、仪器仪表等领域中有着广泛的应用，通常可以分为无源滤波和有源滤波两大类。RC 低通和 RC 高通电路属于无源滤波电路，两者在结构上具有对偶关系：即 RC 低通电路中将电阻 R 和电容 C 的位置互换，就得到了 RC 高通电路。分析这两种电路的频率特性还可以清楚地了解两者在幅频特性上也具有对偶关系，如表 5-8 所示。

表 5-8　RC 低通和 RC 高通电路的对偶关系

对偶关系	RC 高通电路	RC 低通电路
电路结构：RC 低通电路中电阻 R 和电容 C 的位置互换就得到了高通电路		
频率响应：RC 低通电路频率特性中的 $j\omega RC$ 用 $\frac{1}{j\omega RC}$ 替换就得到了高通电路的频率特性	$\dot{A}_u = \dfrac{1}{1 + \dfrac{1}{j\omega RC}}$	$\dot{A}_u = \dfrac{1}{1 + j\omega RC}$

（续）

对偶关系	RC 高通电路	RC 低通电路
截止频率：两者的表达式是一致的；电阻 R 是从电容两端看进去的等效电阻	$$f_L = \frac{1}{2\pi RC}$$	$$f_H = \frac{1}{2\pi RC}$$
幅频特性：若 $f_L = f_H = f_P$，则两者的幅频特性以 $f = f_P$ 为对称直线，二者随频率的变化是相反的		

　　有了上述关于放大电路频率特性的定性分析，学生可以从较宏观的角度深刻理解频率响应的实质、来源以及处理方法，对于后续在定量分析放大电路频率特性的计算有很好地指引作用。

5.5.3　分析单管放大电路频率响应中蕴含的基本方法和思想

　　分析基本共射放大电路的频率响应是遵循先分解后合成的基本思想：即把频率范围分解为中频、低频和高频三个频段。根据各频段的特点分别将电路简化，得到三频段的频率响应，然后再综合起来，得到整个电路的频率响应。这种方法可以很好地将一个复杂的问题分解为分频段下的简单问题（RC 高通和 RC 低通电路频率响应的分析）。整理总结基本共射放大电路频率响应的分析过程，如表 5-9 所示。

表 5-9　基本共射放大电路频率响应的分析思路和过程

思路和问题	分析过程
先将复杂问题分解	将电路的频率范围分为三个频段
不同频段下的电容元件是怎样影响放大电路频率响应的？	分别考虑耦合电容、旁路电容和 PN 结电容在三个频段下的容抗变化，以此来选择它对电路的等效作用
低频小信号 h 参数等效模型可以用在高频情况下吗？	由于 PN 结电容在高频情况下的分流作用不可忽视，所以需要建立新的晶体管等效模型——高频下的混合 π 模型
为什么混合 π 模型中集电极电流的表示不再是 $\beta \dot{I}_b$ 而是 $g_m \dot{U}_{b'e}$	因为在高频时 PN 结电容的分流作用，电流放大倍数 β 不再是稳定的常数，而是成为频率的函数，所以必须新引入一个控制参数 $g_m \dot{U}_{b'e}$
不同频段下的频率响应如何分析？	中频时电容作用忽略不计；低频时等效为 RC 高通电路；高频时等效为 RC 低通电路
分解之后需要再重新回到整体	低频和高频下的电压放大倍数需要变换，向中频时的电压放大倍数表达式接近

　　从基本共射放大电路频率响应分析中所蕴含的基本思想——对复杂问题先进行分解，将子问题分别解决后再综合回到最初的整体任务，是学生在学习放大电路频率响应背后需要深入挖掘的方法。

5.6　放大电路中的负反馈

5.6.1　放大电路为什么要引入负反馈

　　反馈在模拟电子技术中是普遍存在的，特别是对于放大电路，由于它们在实际工作时往往是不稳定的，性能方面也不能满足要求（例如，带负载能力需要加强；电路的输入电阻不够大等）。要想解决这些问题就必须引入反馈环节，确切地说对于放大电路而言应该引入负反馈。之所以反馈环节可以解决放大电路中的种种问题是因为反馈网络的引入实现了某种程度上闭环控制的功能。根据反馈放大电路的框图 5-25 可以简单说明这个控制的过程。理想情况下输出量应该只由输入量决定，但事实上受外界干扰因素的影响，会使输出量在输入量一定时，依然发生变化。所以为了使放大电路在输入量一定时，输出量也保持一定，从而引入反馈——即将变化了的输出量引回到输入回路。在输入量与反馈量共同作用下，使输出量保持一定。如果外界的环境使得输出量增大，那么反馈网络把增大了的输出量信息引回到输入端，以反馈量的形式使净输入量减小，从而将输出量"拉回"到输入不变情况下原本应该对应的输出量大小。由于负反馈使得净输入量减小，所以开环和闭环两种状态下

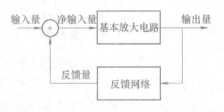

图 5-25　反馈放大电路的框图

后者更不容易产生非线性失真（饱和失真），从而可以看出负反馈的引入很好地抑制和改善了放大电路可能出现的失真问题。

5.6.2　反馈网络的组成及特别说明

　　从反馈放大电路的方框图 5-25 可以知道：反馈网络的输入信号是输出量，这个网络的输出信号是反馈量。由于反馈网络多数情况下是由电阻和电容这些线性的元器件组成，所以反馈量和输出量之间是线性的比例关系（两者的比值成为反馈系数）。加上在交流通路中电容可以近似等效为短接，这个比例关系就是由电阻元件的参数决定的，其电阻值相比非线性的放大元件不容易受到温度的影响，因此反馈系数是线性而又稳定的这一特点为深度负反馈条件下放大倍数的估算奠定了非常好的基础。

　　下面结合具体的电路如图 5-26 所示，对反馈网络这一环节做特别的解释和说明。

　　在图 5-26 中的放大电路里，反馈网络应该是由电阻 R_1 和 R_2 组成，其中**电阻 R_2 是将输出量引回来建立通路的关键元件**，但是真正对放大电路净输入产生影响的是电阻 R_1 上的压降，所以两个电阻的"分工"作用很明显，缺一不可。

　　关于负反馈的四种组态，主要也是取决于反馈网络是如何从输出端引出，又是怎样同输入端叠加的。下面的方框图 5-27 可以较为清晰地反映了反馈网络与输出端及与输入端的关系。

　　从图 5-27 中可以看出，**反馈网络与输出端是"并联"在一起的，反馈网络将输出电压全部引回到输入端**；反馈

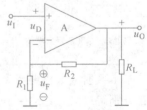

图 5-26　引入负反馈的放大电路

网络与输入端是"串联"在一起的，反馈量自然是以电压叠
加的形式来影响净输入量的。反馈网络与输出端、输入端这
种整体上的"串联"与"并联"关系非常有助于定性地理解
不同组态的负反馈对放大电路性能的影响。例如，图 5-27 中
的电压串联负反馈，反馈网络与输出端是"并联"在一起的，
所以输出电阻越并越小。电压负反馈使得放大电路的输出电
阻减小，而且因为反馈网络是将输出电压的变化引回到输入

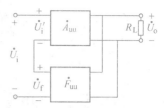

图 5-27　电压串联负反馈方框图

端，所以电压负反馈将稳定输出电压而不是输出电流。从图 5-27 中可以看出，反馈网络与
输入端是"串联"的，输入电阻越串越大，串联负反馈使得放大电路的输入电阻增大。对
于其他组态的分析也是类似的。

5.6.3　深度负反馈条件下放大倍数的估算——典型的工程化案例

模拟电子技术中对负反馈放大电路的分析最后都归结为是深度负反馈条件下的分析，为
什么可以这样来近似计算是模电中又一典型的工程化案例。下面结合这个案例做详细的说
明。

1. 深度负反馈条件下放大倍数的简化

当反馈深度 $|1 + \dot{A}\dot{F}| \gg 1$ 时，闭环放大倍数为

$$\dot{A}_F = \frac{\dot{X}_o}{\dot{X}_i} = \frac{\dot{A}}{1 + \dot{A}F} \approx \frac{\dot{A}}{\dot{A}F} = \frac{1}{F} \tag{5-19}$$

即此时的放大倍数基本上近似等于反馈系数的倒数，而与放大电路开环部分的放大倍数 $\dot{A}$
无关，此时电路引入的反馈称为深度负反馈。由于闭环以后的放大倍数只与线性的反馈网络
有关，与包含非线性元件的基本放大电路无关了，这样就使得放大倍数的求取变得简单了。
而且即便外界环境温度的变化而导致基本放大电路即开环部分的放大倍数变化了，但是只要
反馈系数一定，就能够保证闭环以后的放大倍数稳定，从而更容易从定量上理解闭环以后放
大倍数稳定的原因。

那是否实际应用当中的电路都容易满足深度负反馈的条件呢？$|1 + \dot{A}\dot{F}| \gg 1$，即放大
电路开环部分的增益要求比较大，而实际中的放大电路，如果是集成运放元件组成的放大电
路，其开环放大倍数通常很高。如果是分立元件构成的放大电
路，往往也是多级放大电路，也比较容易满足深度负反馈的条
件。

由上述分析可以得出：**实际中的放大电路很容易实现深度
负反馈的条件，而引入深度负反馈的放大电路，其闭环放大倍
数近似简单地等于反馈系数的倒数。这样不仅使得问题简单化
了，而且关键是这种近似简化并没有在很大程度上影响放大倍
数的分析**，因此模电中的这种估算是具有非常重要意义的。

2. Q 点稳定电路的特别说明

图 5-28 所示为静态工作点 Q 的稳定电路，之前对这个电

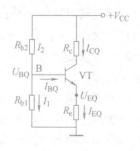

图 5-28　静态工作点 Q 的
稳定电路

路进行静态分析时，只是提到，$I_1 \gg I_{BQ}$，所以静态分析的顺序是先求解 $U_{BQ} \rightarrow I_{EQ} \rightarrow I_{BQ}$。事实上，此时的估算也可以这样理解：近似将发射极电阻 R_e 引入的负反馈看作是深度负反馈，所以净输入量 $I_{BQ} \approx 0$。

5.7　集成运放应用电路整体概念的建立

模拟电子技术课程整个知识构成体系是从局部到整体循序渐进的，它以"分立为基础、集成为重点"逐步展现电子技术的发展和应用。集成运放不仅可以组成许多基本的运算电路、有源滤波器，而且还可以构成各种电压比较器、正弦波振荡电路等多种用途的应用电路。由于这些电路分散在不同章节，显得比较零散，缺乏整体概念。如何建立整体概念呢？可以依据集成运放的工作状态分为线性应用与非线性应用来构建，然后从集成运放处于线性区和非线性区的特点来分析各种应用电路。

准确理解和把握集成运放的应用电路，需要从集成运放的电压传输特性入手，如图 5-29 所示，集成运放的电压传输特性分为线性区（也称线性放大区）和非线性区（也称饱和区）。

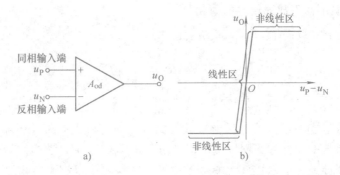

图 5-29　集成运放电压传输特性

电压传输特性的斜线部分为线性区。在线性区，直线的斜率是集成运放的差模开环电压放大倍数 A_{od}，此时输入和输出之间是线性关系，即 $U_O = A_{od}(u_P - u_N)$。通常 A_{od} 非常高，可达几十至几百万倍，因此集成运放的线性区域非常窄。如果输出电压的最大值 $\pm U_{OM} = \pm 14V$，$A_{od} = 5 \times 10^5$，那么只有当 $|u_P - u_N| < 28\mu V$ 时，电路才工作在线性区。当 $|u_P - u_N| > 28\mu V$，则集成运放就会进入非线性区。

电压传输特性的水平直线部分为非线性区。当集成运放工作在非线性区时，输出电压只有两种情况：$+U_{OM}$ 或 $-U_{OM}$，其数值接近供电电源 $+V_{CC}$。

对于集成运放的各种应用电路，如无特殊要求，均可将集成运放当作理想运放。对于理想集成运放的分析，可以牢记下面两个方面的原则。

1. 理想集成运放工作在线性区时的条件和特点

由于理想运放开环差模电压放大倍数趋于无穷，当其工作在开环状态时，即使两个输入端加无穷小的输入电压，输出电压也会达到饱和值，从而工作在非线性区。因此要使集成运放工作在线性区，其条件是必须引入负反馈，使两个输入端的电压趋于 0。用无源网络连接集成运放的输出端和反相输入端是集成运放引入负反馈的电路特征。

此时集成运放的特点：同时满足"虚短路"即 $u_P = u_N$ 和"虚断路"即 $i_P = i_N = 0$。

当运放工作在线性区时，输出电压与输入差模电压成线性关系，即满足

$$u_O = A_{od}(u_P - u_N) \tag{5-20}$$

由于 u_O 为有限值，理想运放 A_{od} 趋于无穷大，所以其差模输入电压 $(u_P - u_N) = 0$，即

$$u_P = u_N \tag{5-21}$$

可见，运放两个输入端好似"短路"了一样，实际上又没有真正短路，所以称为"虚短"。

另外，理想运放差模输入电阻 R_{id} 趋于无穷大，净输入电流为 0，所以两个输入端的输入电流为 0，即

$$i_P = i_N = 0 \tag{5-22}$$

此时运放两个输入端之间好似"断路"一样，实际上又没有真正断路，所以称为"虚断"。

"虚短"和"虚断"是分析集成运放工作在线性区时的两个基本出发点和十分重要的概念。集成运放典型的线性应用就是各种运算电路、有源滤波电路和信号检测电路。此时集成运放的输出电压和输入电压之间的关系基本决定于反馈电路和输入电路的结构与参数，与集成运放本身的参数关系不大。改变输入电路和反馈电路的结构形式，就可以实现不同的运算和信号处理。

2. 理想集成运放工作在非线性区时的条件和特点

若理想运放工作在开环状态，则势必工作在非线性区；若仅引入正反馈，则因其使输出量的变化增大，则集成运放也一定工作在非线性区。因此集成运放工作在非线性区的条件：电路处于开环或正反馈状态。用无源网络连接集成运放的输出端和同相输入端是引入正反馈的电路特征。此时集成运放的特点：只满足"虚断路"；输出电压只有两个可能的值。

由于理想运放差模输入电阻 R_{id} 趋于无穷大，两个输入端的压差 $(u_P - u_N)$ 总是有限值，所以净输入电流始终为 0，即 $i_P = i_N = 0$。

可见，理想运放工作在非线性区时，"虚断"概念是成立的，"虚短"概念不成立。即净输入电压 $(u_P - u_N) \neq 0$，而是由外部输入信号决定的。

集成运放工作在非线性区的一个显著特点就是输出电压值只有两个可能的状态：$+U_{OM}$ 或 $-U_{OM}$。当 $u_P > u_N$ 时，$u_O = +U_{OM}$；当 $u_P < u_N$ 时，$u_O = -U_{OM}$。

集成运放的非线性应用主要用于对信号幅度进行比较，典型的应用电路包括各种电压比较器以及波形发生电路等。

分析集成运放应用电路时，首先应根据有无反馈及反馈的极性（是负反馈还是正反馈）来判断集成运放是工作在线性区还是非线性区，然后再根据不同工作区域的各自特点来求解电路。虽然理想运放与实际运放之间存在一定差别，但误差很小，这种误差在工程上是允许的。因此在无特殊要求时，均可将实际集成运放当作理想运放。

通过比较集成运放外接电路不同，可以组成不同功能的电路，对集成运放各种各样零散的应用电路建立起整体的概念。 集成运放外接电路的类型与集成运放的工作区域之间的关系，如表 5-10 所示。

表 5-10　集成运放外接电路类型和工作区域之间的对应关系

应用电路名称	外接电路类型	工作区域
基本运算电路	负反馈	线性区
有源滤波电路	正反馈、负反馈	线性区
单限电压比较器	无反馈	非线性区
滞回电压比较器	正反馈	非线性区
正弦波振荡电路	正反馈、负反馈	线性区
矩形波发生电路	正反馈、负反馈	非线性区

　　由表 5-10 的总结可以勾勒出模拟电子技术课程的主要脉络：包括课程的核心任务——对模拟信号的处理；对模拟信号通常有哪些处理呢？延伸出课程的主要内容——模拟信号的放大、运算、滤波、发生和转换；其中对模拟信号的放大是电子技术的精髓所在，也是其它处理环节的前提和基础。如果把模拟信号的这些处理电路比作是一个个"经典曲目"，那么能够实现和演绎这些曲目的就是二极管、晶体管、集成运放等这些非线性的"演员"了。和二极管、晶体管相比，集成运放更像是一支"表演团队"，因为它打破了元器件、电路和系统三者之间清晰的界限，当这支表演团队外穿不同的服装（即外接不同的电路结构），就可以"上演"那些经典的曲目。如此看来，模拟电子技术课程根本不是一本枯燥无味的天书，而是一台精彩的晚会，这场演出中主要的演员就是主角：集成运放（台柱子）、晶体管、二极管；配角：电阻、电容等元器件；如果站在欣赏舞台节目的角度去学生模电课程，那么它的"神秘面纱"就不难被揭开。

第6章 模拟电子技术实践性指导

模拟电子技术是一门应用性、实践性很强的学科，在课堂上学到的所有理论知识，最终都要应用于实际才有意义。另外，学生只有在实际电路的设计、搭建和调试过程中，才能更加全面深入地掌握好书本上的理论知识。目前在模拟电子技术的实际应用中，使用晶体管、场效应管等分立元件搭建电路已经比较少见，除了特殊场合之外，大部分情况都是采用集成运算放大器来实现电路中的放大、滤波、波形产生等功能。因此在本章里，首先在介绍真正实际集成运放之前需要补充了解的应用知识；然后基于全国（北京市）电子设计大赛题目展开具体的实践性指导。

6.1 从理想运放到实际运放

对于模拟电子技术的学习，课堂上主要是介绍了理想运放的电压传输特性和相关应用电路的理论分析；而在实际使用时，实际运放与理想运放还有较大的差距，主要体现在外形封装、外围电路、电源连接，还有输入与输出幅度、频率特性等方面。在本节里将逐一对这些内容进行介绍，并对实际运放的选用原则进行了阐述，方便初学者在实际使用时根据所需的功能选择合适的运放。

6.1.1 从运放的原理图符号到实际外形

理想运放的原理图符号如图6-1所示。实际的运放，都是以集成电路的形式来使用的，跟这个符号迥然不同。集成电路芯片的外形，专业术语称为"封装"。一般来说，运放的封装形式有下面几种。

（1）DIP（Dual-In-Line，双列直插式）封装 绝大多数中小规模集成电路都采用这种封装，其引脚数一般不超过100个。采用DIP封装的芯片有两排引脚，需要插入到有相同焊孔数和几何排列的电路板上进行焊接。这种封装形式占用电路板面积大，只适用于对电路板面积没有严格要求的场合（图6-2）。

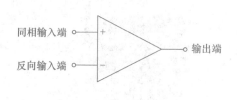

a)DIP-14封装

b)DIP-8封装

图6-1 运放的原理图符号

图6-2 DIP封装

（2）SOP（Small Outline Package，小外形集成电路）封装 它是表面贴装型集成电路封装的一种，最大的特点是芯片引脚不需要穿过电路板占用上下两层空间，它比同等引脚的

DIP 封装减少约 30%~50% 的空间，厚度减少约 70%，因此适合对电路板面积具有较高要求的场合（图 6-3）。

（3）TSSOP（Thin Shrink Small Outline Package）封装　这种封装的集成电路比 SOP 更薄，引脚更密，相同引脚的封装尺寸更小（图 6-4）。

a) SOP-14封装　　　　b) SOP-8封装　　　　　　a)TSSOP-14封装　　b)TSSOP-8封装

图 6-3　SOP 封装　　　　　　　　　　　　　　图 6-4　TSSOP 封装

（4）SC-70（Thin Shrink Small Outline Transistor Package）封装　这种封装比 TSSOP 体积更小，但是管脚数比较少，适合对电路板面积有非常严格要求的场合，如手机、PDA 等（图 6-5）。

（5）金属封装　这是半导体器件封装的最原始的形式，它将分立器件或集成电路置于一个金属容器中，用镍作封盖并镀上金，在底座中心进行芯片安装并引出引线引脚。金属封装的优点是气密性好，不受外界环境因素的影响。它的缺点是价格昂贵，外型灵活性小，不能满足半导体器件日益快速发展的需要。现在，金属封装所占的市场份额已越来越小，一般用于特殊性能要求的军事或航空航天设备中（图 6-6）。

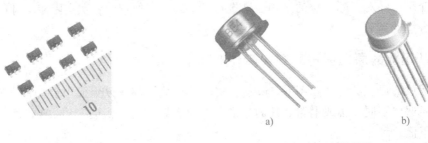

a)　　　　　　　　　b)

图 6-5　SC-70 封装　　　　　　　　　　　图 6-6　金属封装

（6）TO-220 封装　TO-220 封装适用于芯片自身耗散功率较大的场合，如大功率运算放大器等。它背部自带金属散热结构，可以与更大面积的散热片相连（图 6-7）。

a)　　　　　　　　　　　　　　　b)

图 6-7　TO-220 封装

　　实际使用的运放，除了有同相端、反相端以及输出端之外，还必须要有正负电源端，有的还有调零端、补偿端等引脚。有的一片芯片里只有一个运放，称为"单运放"；有的集成了两个或者四个运放，称为"双运放"或者"四运放"。这样一个芯片少则有 5 个引脚，多则需要十几个引脚，这些引脚与内部运放是如何对应的呢？这些信息都在芯片对应的数据手册里，可以从厂家的网站上下载得到（图 6-8）。

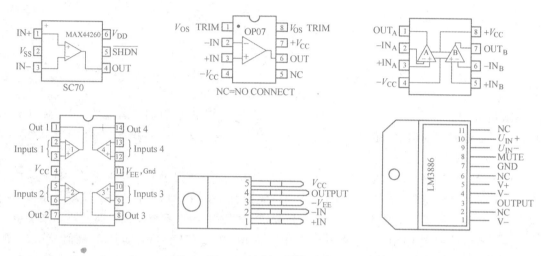

图 6-8　实际运放的引脚

6.1.2　实际运放的电源接法及输入与输出电压范围

　　集成运放属于有源元件，因此在实际使用中集成运放若想正常工作，最基本的条件是要加上合适的电源。根据实际电路的要求，运放的电源有双电源结构、单电源结构两种接法，这两种接法会对运放的输入与输出信号的幅度产生很大的影响，下面进行详细的介绍。

1. 运放的双电源接法

　　运放的双电源接法是最典型、最经典的接法。因为如此典型，很多介绍运放原理的教材都将运放的电源直接省略了。这样导致很多初学者以为运放工作时不需要电源，配上反馈电路，直接加上输入信号就会产生输出信号了，或者即使加入了电源，运放的输入与输出信号的幅度也跟电源没有关系。实际上这是一个很大的误区。

　　如图 6-9 所示，这个电路是典型的同相放大器电路。

　　很显然，该电路的输入与输出关系如下：

$$U_\mathrm{o} = U_\mathrm{i}\left(1 + \frac{R_2}{R_1}\right) = 2U_\mathrm{i} \qquad (6\text{-}1)$$

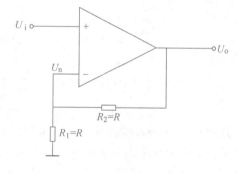

图 6-9　典型的同相放大器

　　如果选用运放 OP07，并且输入与输出端完全按这个电路图进行接线，然后在输入端输入电压，在输出会有相应的信号输出吗？答案是否定的，运放要工作，最基本的条件是要给运放供给合适的电源。

给运放加上电源电压后，运放电路的双电源接法如图6-10所示。

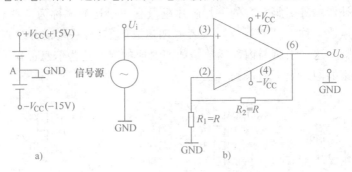

图 6-10 运放电路的双电源接法

图6-10中，电路需要正负两个电源，运放的 $+V_{CC}$ 接正电源端，运放的 $-V_{CC}$ 接负电源端，这就是最典型的运放电路的双电源接法。图中运放引脚旁括号里的数字，是运放OP07对应的芯片引脚号。

应该给运放加多大的电源电压合适，需要查阅运放的数据手册。根据运放OP07的数据手册，其工作电压范围为 $\pm3 \sim \pm18V$。大部分运放都可以在 $\pm15V$ 下工作，实际采用多大的电源电压，除了要满足运放本身的工作电压要求外，还要根据系统其他电路的要求来决定。

不考虑电路的频率响应，如果图6-10中电源电压为 $\pm15V$，信号源是峰-峰值为0.5V的正弦交流信号，那么显然输出将是峰-峰值为1V的正弦交流信号。如果输入信号峰-峰值是8V，那么输出信号峰-峰值会是16V吗？答案也是否定的，这可以从对运放内部电路的输出级电路中找到原因，如图6-11所示。

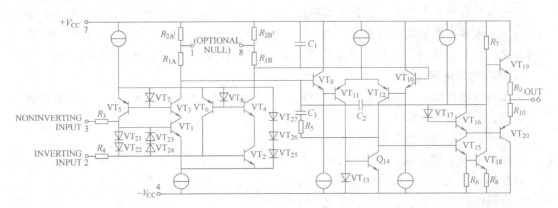

图 6-11 运放 OP07 内部电路图

从图6-11中可以看到其输出端电压的高低是由VT19、VT20两个晶体管的导通程度来决定的。输出电压最高不可能超过正电源 $+V_{CC}$，最低不可能低于负电源 $-V_{CC}$。另外，由于晶体管饱和电压的存在，一般运放的输出电压，不仅不可能超过其电源电压，甚至也无法达到其电源电压。从运放OP07的数据手册中可以查到，在电源电压为 $\pm15V$ 条件下，输出电压的摆幅如图6-12所示。

可以看到，当温度为25℃、负载电阻 $R_L \geqslant 10k\Omega$ 时，输出电压最大为 $\pm13.0V$，即输出晶体管的饱和电压约2V。

因此，运放电源电压的选择，需要考虑到输出信号的电压范围。另外输出电压越接近电

| T_A=25℃ 输出电压 | V_0 | $R_L \geq 10k\Omega$ $R_L \geq 2k\Omega$ $R_L \geq 1k\Omega$ | ± 12.5 ± 12.0 ± 10.5 | ± 13.0 ± 12.8 ± 12.0 | V V V |

图 6-12　运放 OP07 的输出摆幅

源电压，输出晶体管越接近饱和，电路的线性度会下降。在实际使用时，应该留有足够的电压余量，使输出晶体管工作在最佳线性区。如果输出电压摆幅为 ±5V，那么电源电压选择 ±9V 以上为佳。

可以看到，运放 OP07 的引脚定义中，有正电源 $+V_{CC}$，有负电源 $-V_{CC}$，但是并没有接 GND 的引脚。而在运放 OP07 的双电源接法中，运放 OP07 也并没有引脚接地。在这种接法下，输入信号可以有正负电压，而输出信号也可以有正负电压。

2. 运放的单电源接法

在某些情况下，电路无法提供双电源，或者不允许负电源存在。例如，手机中的音频放大电路，由于体积的限制，不可能使用两块电池来提供正负电压；另外使用由正电压生成负电压的电压转换电路，从体积、成本考虑也不是最佳方案，此时运放应该接成单电源接法。对于图 6-9 的电路，单电源接法如图 6-13 所示。

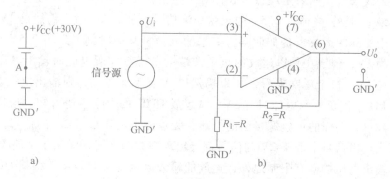

图 6-13　运放电路的单电源接法

图 6-13 中的地为 GND′。比较单电源接法和图 6-10 中的双电源接法，可以看出，两者区别在于：将 GND 由之前的两个电源之间的 A 点，定义到了之前的 $-V_{CC}$ 点，并且将信号源的 GND、电阻 R_1 的 GND 端都接到了之前的 $-V_{CC}$ 点。输出电压也是以新的地 GND′ 为参考点。而运放本身的电源管脚并没有改变。

如果仍然以双电源接法中的 A 点为 GND，看待单电源接法下的电路，则电路如图 6-14 所示。

运放同相端电压为

$$U_P = U_i + (-V_{CC}) \tag{6-2}$$

反相端电压为

$$U_n = \frac{U_o R_1 + (-V_{CC}) R_2}{R_1 + R_2} \tag{6-3}$$

根据运放的虚短可知

$$U_i + (-V_{CC}) = \frac{U_o R_1 + (-V_{CC}) R_2}{R_1 + R_2} \tag{6-4}$$

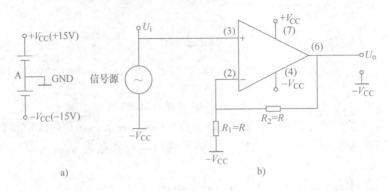

图 6-14　单电源接法的双电源等效电路

通过解此方程，可以得到

$$U_o = U_i\left(1 + \frac{R_2}{R_1}\right) + (-V_{CC}) \tag{6-5}$$

如果将参考点从 GND 换到 GND′，则此时的输出电压为

$$U_o' = U_o - (-V_{CC}) = U_i\left(1 + \frac{R_2}{R_1}\right) = 2U_i \tag{6-6}$$

从上面的公式来看，如果是理想运放，对于同相放大电路的单电源接法，其输入与输出关系不变。如果 U_i 是峰-峰值为 0.5V 的正弦交流信号，那么输出 U_o' 仍然是 1V 的正弦交流信号。但是对于实际的运放也是如此吗？如果输入信号某一时刻电压为 0.5V，此时输出电压理论上应该为 1V，但现在是以运放的负电源端为参考点，所以此时输出电压值离运放的负电源电压只有 1V。换个角度来看，如果仍然以 A 点为参考点，则输出电压为 $U_o = 2U_i + (-V_{CC}) = -14V$，离负电源电压只有 1V。从运放 OP07 的数据手册可知，这样的电压无法输出。因此实际上，上面的单电源接法的电路，无法输出电压低于 2V 的信号。如果输入为交流信号，那么输出信号中低于 2V 的信号都会出现削波的情况，无法正常放大。

运放除了输出电压摆幅有限制之外，运放的输入电压也会有限制。根据 OP07 的数据手册中给出的数据，如表 6-1 所示。

表 6-1　运放输入电压

输入电压	IVR		±13V　±14V

可知，当其电源电压为 ±15V 时，输入端的电压最大为 ±14V，距离正负电源的电压差不能小于 1V。因此在上面的单电源接法下，如果输入电压小于 1V，就已经超出了这个范围，运放已经不能正常工作了。

同样，反相放大电路的单电源接法，也会存在类似的问题。反相放大电路的输入信号与输出信号反相，如果输入信号为正电压，理论上输出将为负电压。但是由于是单电源接法，负电源是 0V，因此实际上运放是无法输出小于 0V 的电压的，当温度为 25℃、负载电阻 R_L >10kΩ 时，能够输出的最低电压是 2V。

所以，运放 OP07 只适合工作在双电源接法下，不适合工作在单电源接法下，因此一般称为双电源运放。与之相对应的，市场上有专门的单电源运放，适合工作在单电源电路中，LM324 即是一款比较典型的单电源运放，其数据手册中明确指出，它可用于单电源工作，电源电压可以为 3.0 ~ 32V。当供电电压为 5V 时，输出电压最低值的典型值为 5mV，可见可以输出接近于 GND 的电压，而其输入电压的最低值可以达到 0V。但是其输出电压最高值仍然不能达到电源电压，在电源电压为 5V 时，输出最高电压约 3.5V。在对运放的最高输出电压没有太高要求的情况下，可以使用单电源运放。为了使运放的输出电压最高值达到或者接近于电源电压，市场上推出一种"轨至轨（rail-to-rail）"运放，适合于输出电压摆幅要求达到整个电源电压的场合。

说明：单电源运放和轨至轨运放也能接成双电源接法，此时的工作过程与双电源运放是一样的。实际上对于运放来说，接成单电源电路还是双电源电路，并没有改变运放自己的供电方式，其区别在于输入信号和输出信号以哪一点为参考地，以及由此造成的输入电压和输出电压范围的差别。

对于图 6-10 中的双电源放大电路，由于采用的是直接耦合，即输入信号源直接与放大器输入端相连，而放大器输出也是直接与后级相连，因此该电路适于放大直流信号，也适于放大交流信号。而单电源放大电路，如果采用直接耦合，即使是采用专门的单电源运放或者轨至轨运放，也不再适合放大交流信号。因为这种电路输出尽管可以接近 0V，但是无法直接输出负电压。所以如果单电源放大电路要放大交流信号，不能使用直接耦合，必须采用电容耦合，并且需要对电路做一些偏置。

6.1.3　实际运放的参数解读

理想运放的特性如下：

1）开环增益无穷大；
2）输入电阻无穷大（输入电流为 0）；
3）输出电阻为 0，能输出无穷大的电流；
4）输出电压范围无穷大；
5）噪声为 0；
6）输出电压变化速率无穷大；
7）带宽无穷大。

目前市场上有不下上千种型号的运放，这些运放在某种条件下某些性能已经非常接近理想运放。例如，在输入信号幅度不是太大、也不是太小，信号频率为低频时，使用理想运放的分析方法可以得到精确的结果。但是还没有一款运放能够全面的接近或者达到理想运放的指标，它们都是在某些指标上有突出的性能，这就要求设计者在实际设计运放电路时，能够根据实际的应用需求和运放的实际特性合理取舍、扬长避短。具体来说，实际选用运放时，主要考虑的指标如下：

1）失调电压 V_{OS}（Input Offset Voltage）。
2）输入偏置电流 I_B（Input Bias Current）。
3）输入失调电流 I_{OS}（Input Offset Current）。
4）带宽：
- 单位增益带宽 f_1；
- $-3dB$ 带宽 f_H；
- 增益带宽积（Gain Bandwidth Product，GBP）。
5）转换速率/压摆率（SR）。

其他还包括噪声、输入与输出电压范围、电源抑制率（PSRR）、共模信号抑制率（CM-RR）等。

1. 失调电压 u_{OS}

对于理想运放来说，当运放两个输入端同时接到 0V 电位时，其输出电压将为 0V。但是，对于实际运放，经测量会发现其输出不是 0V，而是有一个小的电压 $U_{o(误差)}$，如图 6-15 所示。这是由于实际运放输入级的差分电路不可能做到完全对称的缘故。

为了使输出电压为 0V，需要在输入端加一个补偿电压，如图 6-16 所示。使输出为 0V 的补偿电压值，即被定义为失调电压 U_{OS}。从另一个方面来讲，U_{OS} 也可以定义为 $U_{o(误差)}/A_{od}$，A_{od} 是运放的开环增益。此时可以认为实际运放是在理想运放的某个输入端叠加了一个固定的电压源，其大小就等于 U_{OS}，如图 6-17 所示。

失调电压主要影响放大电路的直流放大精度，以图 6-18 的同相放大电路为例。

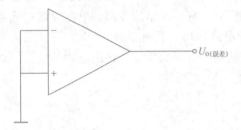

图 6-15　失调电压对输出电压的影响

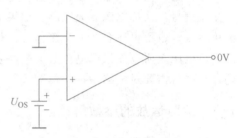

图 6-16　失调电压的定义

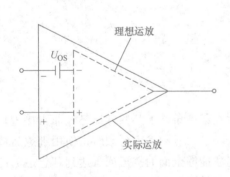

图 6-17　考虑到失调电压的
实际运放的等效电路

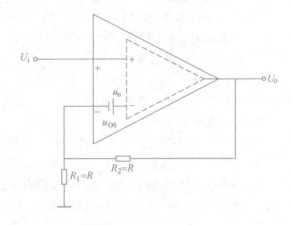

图 6-18　考虑到失调电压的同相放大电路

其理想运放的反相端电压为

$$U_n = \frac{U_o R_1}{R_1 + R_2} + U_{os} \tag{6-7}$$

根据"虚短"，有

$$U_i = U_n = \frac{U_o R_1}{R_1 + R_2} + U_{OS} \tag{6-8}$$

可以得出

$$U_{\text{o}} = (U_{\text{i}} - U_{\text{OS}})\left(1 + \frac{R_2}{R_1}\right) \tag{6-9}$$

可以看出，失调电压会被放大（$1 + R_2/R_1$）倍，然后叠加到输出信号中，或者相当于失调电压与输入信号进行了叠加，然后一起被放大了。

一般通用运放的失调电压在毫伏级，如通用运放 LM324 的失调电压最大为 9mV，而专用的高精度运放的失调电压在微伏级，如运放 OP07 的失调电压为 75μV，两者相差了上百倍。

在放大微弱的温度、压力或者电化学反应信号时，有效信号常常低于 1mV，此时就不能使用 LM324，而要使用运放 OP07。如果像运放 OP07 这样的精密运放也达不到要求，则要换成失调电压更低的斩波调零运算放大器或者自调零运算放大器，或者加上外部调零电路，如图 6-19 所示。

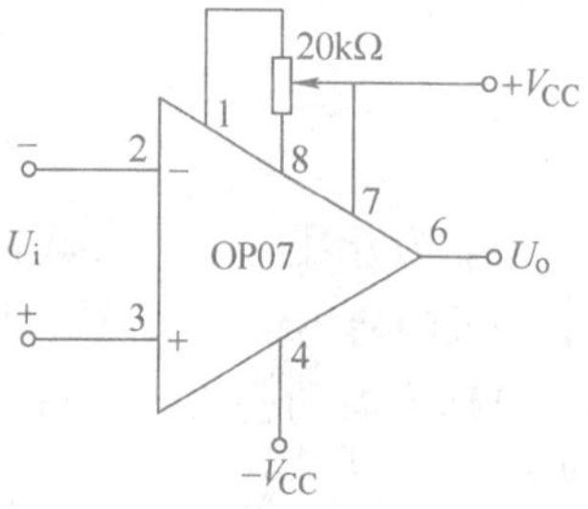

图 6-19　运放 OP07 的调零电路

2. 输入偏置电流 I_{B}

对于理想运放，输入引脚是不会向外流入或者流出电流的，但是实际的运放，两个输入引脚都会与外部电路间有电流流动，这两个电流的平均值即为输入偏置电流 I_{B}。输入偏置电流与运放所采用的工艺有很大的关系。采用双极型工艺的输入偏置电流为 $\pm 10\text{nA} \sim 1\mu\text{A}$，采用场效应管做输入级的（如 JFET 和 CMOS 工艺），输入偏置电流一般低于 1nA。在进行高阻信号放大、积分电路等场合对输入偏置电流有较高的要求，如光接收系统中的放大器就必须具有低偏置电压和低输入偏置电流。光敏二极管的暗电流为 pA 量级，所以放大器必须具有更小的输入偏置电流。CMOS 和 JFET 输入放大器是目前可用的具有最小输入偏置电流的运算放大器。

3. 输入失调电流 I_{OS}

当运放的输出直流电压为零时，其两个输入端偏置电流的差值即为输入失调电流定义。输入失调电流同样反映了运放内部的电路对称性，对称性越好，输入失调电流越小。输入失调电流是运放的一个十分重要的指标，特别是精密运放或是用于直流放大时。输入失调电流约是输入偏置电流的 1% ~ 10%。输入失调电流对于小信号精密放大或是直流放大有重要影响，特别是运放外部采用较大的电阻（如 10kΩ 或更大时），输入失调电流对精度的影响可能超过输入失调电压对精度的影响。输入失调电流越小，直流放大时中间零点偏移越小，越容易处理。所以对于精密运放输入失调电流是一个极为重要的指标。

4. −3dB 带宽 f_{H}、单位增益带宽 f_1、增益带宽积

−3dB 带宽 f_{H} 是使运放的开环放大倍数下降 3dB（下降约 0.707）时的信号频率。单位增益带宽 f_1 被定义为开环电压放大倍数下降到 1（0dB）时信号的频率。

增益带宽积有两种定义方式，一种是开环电压增益与该增益下信号频率的乘积，另外一种是闭环电压增益与该电路截止频率的乘积。

−3dB 带宽 f_{H}、单位增益带宽 f_1、增益带宽积这三个参数是相互区别，又相互紧密联系的，在选用运放时，这三个参数关系到放大电路的频率响应范围。

对这三个参数的解释，需要对实际运放在负反馈状态下的频率特性进行分析。对于理想运放来说，对于任何频率的信号，运放都有相同的开环放大倍数。然而由于实际运放内部的极间电容的影响，当信号频率升高之后，运放的开环增益会下降。另外为了使运放稳定、不出现自激振荡，设计厂商一般都会在运放内部加上相应的补偿电路，由此实际的运放可以等效成在理想运放的输出端加了一级一阶 RC 低通滤波电路，如图 6-20 所示。这样实际运放的放大倍数就会随着信号频率的升高而降低。

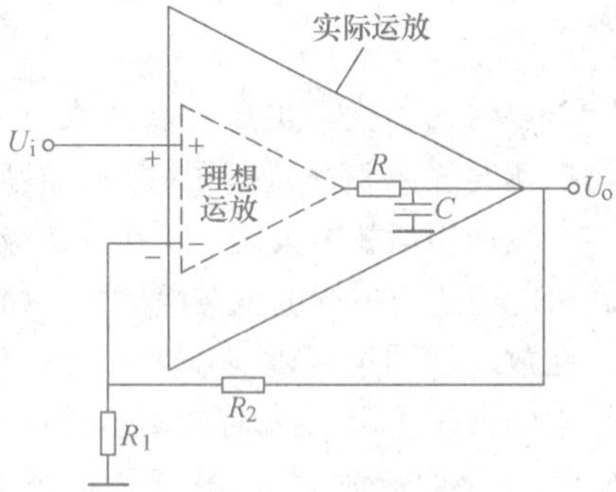

设理想运放开环放大倍数为 $\dot{A}_0$，则实际运放开环放大倍数为

$$\dot{A}_{RO} = \frac{\dot{A}_0}{1 + j\dfrac{f}{f_H}} \qquad (6\text{-}10)$$

式中：f_H 为开环状态下的截止频率，该频率比较低，对于一般的通用运放来说，只有几赫或者几十赫。

根据上面的公式，实际运放开环放大倍数的幅值为

$$|\dot{A}_{RO}| = \frac{|\dot{A}_0|}{\sqrt{1 + \left(\dfrac{f}{f_H}\right)^2}} \qquad (6\text{-}11)$$

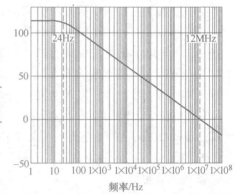

图 6-20　考虑频率特性时实际运放的等效电路

图 6-21　运放的开环频率特性曲线

运放的开环频率特性曲线如图 6-21 所示。

图 6-21 中的截止频率 $f_H = 24\,\text{Hz}$，对应的增益约 111dB。

在图 6-21 中，除了关心截止频率外，还关心的是当增益下降到 0dB 时的频率点，该点对应的频率即为"单位增益带宽"，此时的开环放大倍数 $|\dot{A}_{RO}| = 1$。

由上面的公式可以求出单位增益带宽，当 $f \gg f_H$ 时，有

$$|\dot{A}_{RO}| = \frac{|\dot{A}_0|}{\sqrt{1 + \left(\dfrac{f}{f_H}\right)^2}} \approx \frac{|\dot{A}_0|}{\sqrt{\left(\dfrac{f}{f_H}\right)^2}} = \frac{|\dot{A}_0|}{\dfrac{f}{f_H}} \qquad (6\text{-}12)$$

即

$$|\dot{A}_{RO}|f = |\dot{A}_0|f_H \qquad (6\text{-}13)$$

开环放大倍数 $|\dot{A}_{RO}| = 1$ 时，所对应的信号频率为

$$f_1 = |\dot{A}_0|f_H \qquad (6\text{-}14)$$

该频率即为单位增益带宽 f_1，在图 6-21 中 $f_1 = 12\,\text{MHz}$。

当运放加上反馈电路组成闭环放大电路之后，设反馈系数为 F，由反馈电路所设定的闭环放大倍数为

$$\dot{A}_F = \frac{\dot{A}_0}{1 + F\dot{A}_0} \qquad (6\text{-}15)$$

而考虑到频率响应，实际的闭环放大倍数为

$$\dot{A}_{RF} = \frac{\dot{A}_{RO}}{1 + F\dot{A}_{RO}} = \frac{\dfrac{\dot{A}_O}{1 + j\dfrac{f}{f_H}}}{1 + F\dfrac{\dot{A}_O}{1 + j\dfrac{f}{f_H}}} = \frac{\dot{A}_O}{1 + F\dot{A}_O}\frac{1}{1 + j\dfrac{f}{(1 + F\dot{A}_O)f_H}}$$

$$= \frac{\dot{A}_f}{1 + j\dfrac{f}{(1 + F\dot{A}_O)f_H}} \tag{6-16}$$

由式（6-15）可见，闭环放大电路的截止频率为

$$f_H' = (1 + F\dot{A}_O)f_H = \frac{1 + F\dot{A}_O}{\dot{A}_O}\dot{A}_O f_H = \frac{1}{\dot{A}_f}\dot{A}_O f_H \tag{6-17}$$

$$\dot{A}_F f_H' = \dot{A}_O f_H = f_1 = |\dot{A}_{RO}|f \tag{6-18}$$

由式（6-17）可知：

（1）在运放开环放大电路中，当信号频率 $f \gg f_H$ 时，信号的频率与开环增益乘积保持不变，均等于运放的单位增益带宽 f_1。

（2）在运放的闭环放大电路中，闭环放大增益与电路截止频率（电路带宽）的乘积也是恒定的，也等于运放的单位增益带宽 f_1。

（3）运放开环放大倍数与开环截止频率的乘积，或者运放闭环放大倍数与闭环带宽的乘积，被定义为运放的增益带宽积。

（4）单位增益带宽 f_1 或者增益带宽积是运放的重要参数，通过这两个参数，可以大体估计所设计的闭环放大电路的最大带宽性能。当闭环放大倍数为 1 时，电路具有最宽的带宽，当闭环放大倍数提高时，带宽会相应的缩小。例如，图 6-22a 中，闭环放大倍数为 10，带宽约为 100kHz。图 6-22b 放大倍数提高到了 100，带宽相应的降低到约 10kHz，它们的乘积不变，都等于放大倍数为 1 时所对应的频率 1MHz。

注意：

1）增益带宽积恒定的特性只针对电压反馈放大器才成立，对于电流反馈放大器不存在这种特性。

2）以上三个参数只是针对幅度比较小的小信号而言的，当运放的输出信号幅度较大时，在评估运放电路的频率特性时，除了要考虑上面的三个参数，还需要考虑运放的压摆率，下面进行具体介绍。

5. 压摆率

压摆率也称转换速率，是指当输入为阶跃信号时，输出信号的变化速率，其单位为 V/μs 或 V/ms，它代表了运放信号输出的速率（图 6-23）。

压摆率会影响运放输出大幅度信号时的带宽。假设信号的幅度（峰值）为 A，频率为 f，那么信号可以描述为

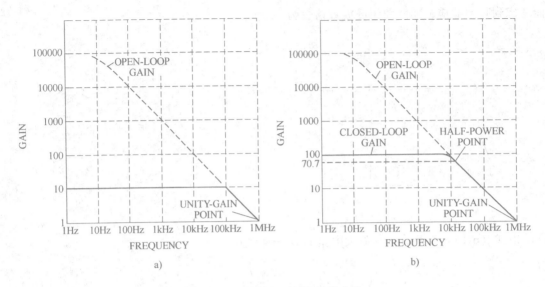

图 6-22　运放的闭环频率特性曲线

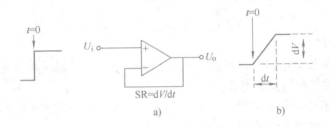

图 6-23　压摆率的定义

$$U = A\sin\omega t \tag{6-19}$$

输出信号的变化速率可以描述为

$$U' = A\omega\cos\omega t \tag{6-20}$$

于是最大变化速率为

$$U'_{\max} = A\omega = 2\pi fA \tag{6-21}$$

根据压摆率的定义，有

$$U'_{\max} = 2\pi fA \leqslant SR \tag{6-22}$$

因此输出信号的频率与幅度存在如下的制约关系：

$$fA \leqslant SR/2\pi \tag{6-23}$$

由式（6-23）可见，运放的输出信号幅度与频率是有一定制约关系的。当运放的输出幅度较小时，信号频率上限受制于电路的截止频率；而当运放的输出幅度增大时，信号频率还受限于运放的压摆率。因此在选用运放时，除了考虑增益带宽积外，还要考虑到压摆率对信号频率的影响。

6.1.4　实际运放的分类和选用方法

1. 实际运放的分类

目前，市场上的运放型号不下数千种，它们在性能参数上各有区别。针对不同的运放参数和使用场合,一般将运放分为下面几类。

(1)通用运放与专用运放

1)通用运放:完成基本的放大功能,对失调电压、噪声、带宽、速度等并不需要过高的要求,最大的特点是价格便宜,典型的通用运放有 LM358、LM324 等。

2)专用运放:是指在某个指标上有特殊要求的运放,例如,要求失调电压特别低,以放大微弱的直流信号,则需要专门的直流精密运放。如果要低失真的放大交流信号,则需要低噪声交流运算放大器;如果需要对高输出阻抗的传感器进行信号放大,则需要高输入阻抗的 JFET 放大器,还有如其他的专用运放,如仪表放大器、隔离放大器、视频放大器、功率放大器等。

(2)精密运放与低噪声运放:OP07 与 NE5532

1)精密运放:具有很低的失调电压,一般用于小信号直流放大场合,如高精度测量仪器,最常用的有运放 OP07/27/37。

运放 OP07 是一种低噪声,非斩波稳零的双极性运算放大器集成电路,运放 OP07 引脚如图 6-24 所示。由于运放 OP07 具有非常低的输入失调电压(对于运放 OP07A 最大为 $25\mu V$),所以运放 OP07 在很多应用场合不需要额外的调零措施。运放 OP07 同时具有输入偏置电流低(运放 OP07A 为 $\pm 2nA$)和开环增益高(对于运放 OP07A 为 $300V/mV$)的特点,这种低失调、高开环增益的特性使得运放 OP07 特别适用于高增益的测量设备和传感器的微弱信号放大等方面。

运放 OP07/27/37 系列已经是非常精密的运算放大器了,如果需要更低的输入失调电压,则需要使用斩波调零运算放大器。

2)低噪声运放:和其他运放相比,这种运放具有很低的噪声,一般用在交流放大场合,比如高档音响等,最典型的有 NE5532。NE5532 是高性能低噪声双运算放大器,与很多标准运放性能相似,但它具有更好的噪声性能,优良的输出驱动能力及相当高的小信号带宽。因此很适合应用在高品质和专业音响设备、仪器、控制电路及电话通道放大器。当它用作音频放大时音色温暖,保真度高。在 20 世纪 90 年代初的音响界被发烧友们誉为"运放之皇",至今仍是很多音响发烧友手中必备的运放之一。

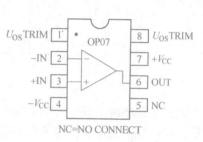

图 6-24 运放 OP07 引脚图

低噪声运放不一定具有较低的失调电压,如 NE5532 在 25℃时输入失调电压典型值为 $500\mu V$,最大值为 $4mV$,而运放 OP07 的输入失调电压在 25℃下最大值只有 $150\mu V$,典型值只有 $60\mu V$。而精密运放的噪声、带宽和速度特性又比不上低噪声运放,如运放 OP07 的等效输入噪声电压最大为 $11nV/\sqrt{Hz}$($f = 1kHz$ 条件下),增益带宽积为 $0.5MHz$($R_L = 2k\Omega$,$C_L = 100pF$,$f = 100kHz$ 条件下),转换速度为 $0.17V/\mu s$($R_L = 2k\Omega$,$C_L = 100pF$ 条件下),而 NE5532 的等效输入噪声电压最大为 $6nV/\sqrt{Hz}$($f = 1kHz$ 条件下),增益带宽积为 $10MHz$($R_L = 600\Omega$,$C_L = 100pF$),转换速度为 $9V/\mu s$。

(3)运放与比较器:LM324 与 LM393

运算放大器可以实现比较器的功能,在要求不高的场合下也可以用作比较器,但是比较器不能用作运算放大器来做信号放大。

　　和比较器相比，运算放大器的翻转速度不够快，也就是不能用于比较快速变化的信号；而比较器的线性区较窄，输入失调电压、噪声、带宽等各方面均不如的运算放大器，因此不适合进行信号放大。

　　另外，运算放大器的输出极一般都是推拉式输出结构，如图 6-25 中通用运放 LM324 内部电路的 VT20 和 VT21 所示。如果把 LM324 用作比较器，当输出高电平时，晶体管 VT20 导通，会将输出端的电压拉至接近电源电压 V_{CC}。如果 V_{CC} 电压比较高，就不能直接将运放的输出端与后面的数字系统相连，从而造成使用上的不便。

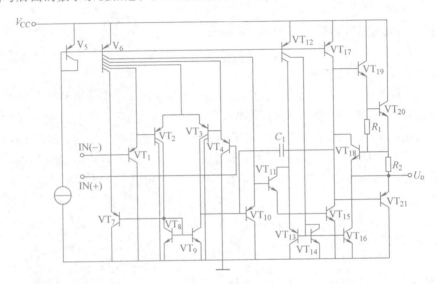

图 6-25　LM324 的内部电路

　　而比较器的输出级一般都是集电极开路输出结构，如图 6-26 的 LM393 内部电路的 VT16 所示，使用时需要在输出端接入上拉电阻才能输出高电平，这样输出的高电平信号就可以与任意电平相匹配，方便与不同电平的数字系统相连。

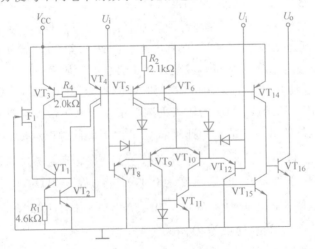

图 6-26　LM393 的内部电路

（4）高输入阻抗 JFET 放大器：TL084

在某些场合，例如，光电二极管、进行电化学实验的电极，信号源的内阻极大，信号又极其微弱，尽管一般运放放大器的输入电阻已经非常高，但是仍然达不到要求，此时应该选用专用的以 JFET 为输入级的高输入阻抗放大器，如 TL084。

为了对上面的几种常用运放进行对比，表 6-2 中列出了它们的主要参数。

表 6-2　常用运放的主要参数对比

运放型号	输入失调电压/mV（max）（25℃）	输入偏置电流/nA（max）	开环增益（typ）	压摆率/（V/μs）（typ）	增益带宽积（MHz）（typ）	噪声/（nV/$\sqrt{Hz}$）（1kHz, max）	共模抑制率/dB（min）	说明
uA741	6	200	200000	0.5	1	—	70	最早由仙童公司开发的最为经典的运放，目前仍然使用比较广泛，其引脚排列、供电电压等已经成为工业标准
OP07	0.075	3	500000	0.3	0.4	11	110	精密运放，输入失调电压很低，但噪声和压摆率性能不高
NE5532	4	800	100000	9	10	6	100	低噪声运放，噪声和压摆率性能高，但输入失调电压较高
LM324	9	250	100000	0.2	1	—	65	通用运放，单电源供电，价格便宜，使用广泛，各方面性能均一般
TL084		400pA	200000	16	4	15	86	高输入阻抗 JFET 放大器

2. 运放的选用方法与原则

在选用运放时，要根据实际的应用需求，选用相应指标达到要求的运放，而不能一味地追求所有的指标均达到很高的水平。因为一方面这样的运放在市场上很少，另一方面这样的运放价格比较昂贵，会造成产品成本过高，致使方案不具有实际生产的实用性。例如，在设计音频放大器时，要求的是输出的声音纯净、本底噪声低，带宽足够以避免出现明显的失真。而对于放大器各级间的直流偏移不用太过关心，因为音频放大器是交流放大器，各级间采用电容耦合，直流偏移根本不会在各级间传递以至影响到最后的信号输出。因此一般来说，如果是进行低频率的直流放大，主要考虑的是运放的失调电压和失调电流指标。而如果要放大交流信号，主要考虑的是运放的噪声、增益带宽积、压摆率等参数。具体来说，实际选用运放时，主要考虑的因素如下：

1）成本：同样是运放，不同的性能导致的成本可能相差上百倍，如通用运放 LM324 批量采购价才几毛钱，而高精度的仪表放大器，其价格可能要上百元。所以在选用运放时，要对产品的定位作充分的估计。如果是大批量生产的消费电子，对成本会要求非常严格，这时就要对成本作仔细的考虑；如果是对指标要求比较高的测量仪器或者工业设备，此时就应该以指标为准，成本就放在其次考虑了。

2）放大信号的类型：如前所述，如果是放大微弱的并且变化缓慢的直流电压信号，如温度、压力等，需要主要考虑运放的失调电压、失调电流，而如果是放大交流信号，如声音信号，则主要考虑运放的噪声、增益带宽积、压摆率这些参数。

3）电源类型：如果系统只能提供单电源，那么应该选择单电源运放，并且如果电源电压比较低，比如使用电池供电的手机或者手持测量仪器，要保证足够的输出信号幅度，就要选择轨至轨运放。另外，如果放大的是微弱的直流信号，那么只能是使用双电源运放。

4）产品体积和功耗要求：如果是普通的仪器或者设备，对电路板的尺寸以及功耗没有太高的要求，那么可以考虑使用双列直插封装的普通运放；如果是手机、MP3或者其他采用电池供电的手持设备，体积和功耗要求比较严格时，就需要使用贴片封装的低功耗运放。

6.1.5　运放的主要生产厂家介绍

理想运放存在于教科书中，而实际的运放，都需要由具体的厂家生产出来。目前运放的主要生产厂商主要集中在美国，欧洲和日本也有一些生产厂商。国内的国营老厂也曾经生产过一些运放，但目前在市场上都已经难觅踪影。主流的运放生产厂商有以下几家。

（1）TI（Texas Instruments，德州仪器）：于1959年发明了世界上第一片集成电路，引发了继1947年贝尔实验室发明晶体管之后的第三次电子工业革命。目前，仍然是世界上主要的集成电路生产商，生产的芯片覆盖高性能DSP、ARM、微处理器、模拟器件、电源管理等应用，其提供的高性能处理器和系统解决方案为世界上大部分高端智能手机及平板电脑所采用。

（2）ADI（Analog Device Inc.，亚德诺半导体技术公司，或称美国模拟器件公司）：业界广泛认可的数据转换和信号处理技术全球领先的供应商，主要产品是运算放大器、A/D转换器、D/A转换器、数据隔离器、MEMS器件，近几年也推出了业界领先的Blackfin系列DSP。

（3）LINEAR（Linear Technology Corporation，凌特公司）：该公司创建于1981年，总部位于美国硅谷，是一家高性能线性集成电路制造商，产品包括高性能放大器、比较器、电压基准、单片滤波器、线性稳压器、DC/DC变换器、电池充电器、数据转换器、通信接口电路、射频信号修整电路及其他众多模拟功能。

（4）MAXIM（Maxim Integrated Products，美信公司）：该公司成立于1983年，总部位于美国加利福尼亚的Sunnyvale，是全球最好的模拟信号和混合信号半导体公司之一。MAXIM开发并在市场上销售的IC超过5400种，多于任何其他模拟半导体厂商。

（5）FAIR CHILD（Fairchild Semiconductor，仙童半导体公司，或称飞兆半导体公司）：该公司于世界上首次发明了半导体集成电路，它曾经是世界上最大、最富创新精神和最令人振奋的半导体生产企业，为硅谷孕育了成千上万的技术人才和管理人才，Intel、AMD、国家半导体等国际一流半导体公司的创始人均来自于该公司，可以说该公司是电子、计算机业界的"西点军校"，是名副其实的"人才摇篮"。正如苹果总裁乔布斯所说："仙童半导体公司就像个成熟了的蒲公英，你一吹它，这种创业精神的种子就随风四处飘扬了。"

在模拟电子领域，仙童半导体公司于 20 世纪 60 年代中期推出的运放 μA709 是世界上第一个商业上成功的集成运放，1968 年推出的运放 μA741 成为了后来的工业标准，后来的很多年里，投放市场的每一个运放都使用了与 μA741 一样的 ±15V 电源以及相同的管脚排列（如前面介绍的 OP07/27/37）。因此市场上就出现了数百种能够产生这些电压的电源器件，这个情况就像是由 TTL 逻辑提出 +5V 的要求，以及由 RS-232 串口提出 ±12V 的要求那样。即使到了今天，当要求很宽的动态范围和很好的耐用性时，μA741 仍然是一个极佳的选择。

图 6-27　常见的运放生产厂商

6.1.6　实际运放的动态调节过程——用"杠杆模型"理解运放的"虚短"概念

在"模拟电子"课程的理论教学中，"虚短"是一个比较难以理解的概念。虽然可以使用"虚短"概念来正确求解运放电路的输入与输出关系，但是在理解这个概念时，大家常常会觉得神秘、不可捉摸，不知道这个概念从何而来、因何而生。在分析和调试实际的运放电路时，也不知道如何使用这个概念来查找电路的问题。例如，图 6-28 所示的最常见的电压跟随器，显然它的输入与输出关系为 $U_o = U_i$。

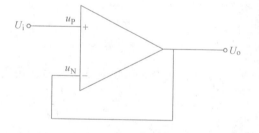

图 6-28　电压跟随器

为什么会有这样的关系存在呢？很多同学会认为这是因为要"虚短"，即运放的同相端、反相端电压要相等，同相端电压为 U_i，所以反相端电压也必须要为 U_i，从而输出电压为 $U_o = U_i$。

实际上，这是由于电路的负反馈结构以及运放的开环放大增益无穷大的特性决定的。对于理想运放来说，开环增益是无穷大的，实际的运放其开环增益一般能达到 $10^5 \sim 10^6$ 的数量级，可以认为是接近理想的。在图 6-28 的电压跟随器电路中，如果某一时刻 $U_P > U_N$，那么输出电压 U_o 马上会上升，由于 $U_N = U_o$，所以 U_N 马上随之上升，从而使 U_N 不断接近于 U_P，最终等于 U_P，U_o 就不再上升。如果 $U_P < U_N$，则过程是相反的，U_o 马上会下降，最终使 U_N 下降到等于 U_P。因此不论 U_i 如何变化，U_o 始终要跟随其变化，这就是电压跟随器的含义。在负反馈电路结构中，U_P 始终要等于 U_N，如果不相等，运放就会调节输出使之相

等。这个过程是始终持续不断进行的，这就是"虚短"概念的由来。因此，"虚短"是负反馈电路中运放动态调节的结果，它可以作为电路数学分析的起点，但不能理解成电路产生这种输入与输出关系的原因。

实际上，对于实际的运放，在图 6-28 的电路里，如果 $U_i \neq 0$，那么 U_o 也不等于 0，此时 U_P 与 U_N 之间还是存在一定的电压差的，这个电压差就是 U_o/A，A 为开环放大倍数。如果 $A = 10^6$，那么 U_P 与 U_N 的电压差就在微伏级，在大部分实际应用中是可以认为是 0 的，这就是"虚短"概念的实质。

至于"虚断"这个概念，意思是指运放的输入电阻无穷大，输入端流入流出的电流为 0。实际的运放是比较吻合这个理想特性的，对于一般的双极性结构的运放，其同相端和反相端的输入电流已经可以小于 100nA，而使用 JFET 或者 CMOS 工艺生产的运放，其输入电流已经可以达到飞安级（fA，即 10^{-15}A）。因此在分析运放电路时，可以认为运放输入端与外部电路是"实断"。输入端只会采样外部电压的大小，实现运放输出电压的控制，进而通过负反馈电路影响外部电路。而运放对外部电路的影响，也只能通过输出端来进行，输入端不会对外部电路产生任何影响。

对于更复杂的负反馈放大电路，同样也是遵循这个原理。图 6-29 所示为反相放大器。

前面说过，该电路中运放反相端的电压 U_N，只由电压 U_i 和电压 U_o 来决定，运放的反相输入端不会对它产生任何影响，这样可以把运放从电路中去掉以简化电路结构。去掉运放之后，反相放大电路的简化电路如图 6-30 所示。

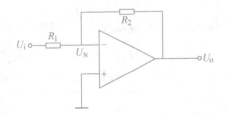

图 6-29　反相放大电路

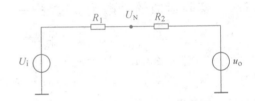

图 6-30　反相放大电路的简化电路

对于这个电路，可以非常方便地使用叠加定理求得电压 U_N 的值，即

$$U_N = \frac{U_i}{R_1 + R_2} R_2 + \frac{U_o}{R_1 + R_2} R_1 = \frac{U_i R_2 + U_o R_1}{R_1 + R_2} \qquad (6\text{-}24)$$

如果从几何的角度来看这个关系式，把 U_i、U_N、U_o 看作直角坐标系下的三个点，如图 6-31 所示。这三个点的坐标分别是 $(0, U_i)$、(R_1, U_N)、$((R_1 + R_2), U_o)$，它们处于同一条直线上。通过几何关系的求解，可以得出 U_N 的值就是式（6-23）的关系式。

无论 U_i 和 U_o 如何变化，U_N 始终处于 U_i 和 U_o 决定的直线上，因此，U_N 的数值由 U_i 和 U_o 的数值来决定。图 6-32 中，当 U_o 沿垂直方向移动时，U_N 也将沿垂直方向上下移动。

如果某一时刻，U_i 和 U_o 的数值如图 6-33a 中的直线（1）所示，$U_N > 0$。由于电路中运放的同相端电压 $U_P = 0$，此时 $U_N > U_P$。根据运放的特性，会立刻将输出电压降低，导致 U_N 也随之下降，直到 $U_N = 0$，到达 X 轴上。此时运放输出为 U_o'，U_i 与 U_o' 构成了新的直线（2），这条直线与 X 轴的交点即为 U_N。此后如果 U_i 和 U_o 均保持稳定，则电路此稳态不变，如图 6-33b 所示。

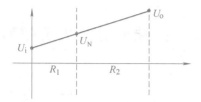

图 6-31　U_i、U_N、U_o 的几何关系

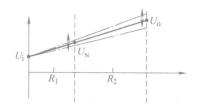

图 6-32　U_i、U_N、U_o 的动态变化过程

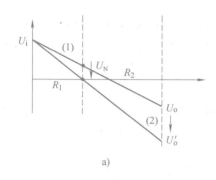

a)

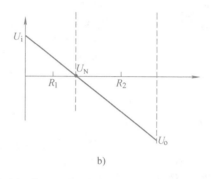

b)

图 6-33　反相放大电路动态调节过程的几何图示

根据图 6-33b 所示，使用几何方法可以非常容易地得出输入与输出关系：

$$U_o = -\frac{R_2}{R_1}U_i \tag{6-25}$$

与使用"虚短"、"虚断"概念分析得到的结果是完全一致的。

如果电路处于稳态时（图 6-34 中的直线（1）），输入电压发生了变化，图中 U_i 升高到了 U_i'，此时 U_o 还未变化，则 U_N 会升高到 U_N'（图 6-34 中直线（2）），而运放的同相端电压仍然保持为 0。因此运放反相端电压会大于同相端电压，导致输出电压立刻下降，直到下降到 U_o'，使 U_N 电压再次回到 0，达到新的稳态，如图 6-34 中的直线（3）。此后运放保持在此

稳态不变。因此，对于该电路，当输入电压 U_i 变化时，运放会相应调节输出电压 U_o，使 U_N 点始终处于 X 轴上位置不变，U_i、U_N、U_o 三点始终处于同一条直线，无论 U_i 或者 U_o 如何变化，该直线始终以 U_N 点为支点旋转，类似于一个杠杆。因此可以把这种理解放大电路行为的方式，称为"杠杆模型"。

通过"杠杆模型"的分析，可以非常清楚地了解运放的动态调节过程，即在负反馈电路中，运放总是在竭尽全力地调节其输出，使其同相端和反相端的电

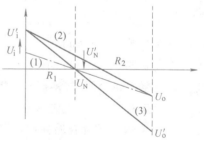

图 6-34　反相放大电路动态调节过程的几何图示

压趋向一致，达到"虚短"的状态。在实际情况下，由于输入与输出的电压波动、负载变动以及温漂、噪声的影响，这个过程是持续不断地进行的，不可能达到理想中的静止的稳态。需要说明的是，"杠杆模型"只是用于将放大电路的动态调节过程形象化，将运放的动态调节过程展示得更清楚：当电路再复杂，或者反馈回路中含有非电阻元件时，"杠杆模型"就不再适用，但是这种实际运放的动态调节过程仍然存在，可以沿用这样的思路进行分析。

6.2 电子设计竞赛题目 1——数字频率计前端信号放大及整形电路 的设计

本题目是 2008 年北京市大学生电子设计竞赛的竞赛题目，该题要求测量交流信号的幅度、频率等参数。

题目：交流电压参数的测量。

要求：用给定器件在 CPLD 实验箱（板）制作交流电压参数测试设备（图 6-35）。

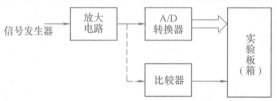

图 6-35   系统框图（1）

6.2.1 基本要求

1. 用给定运放制作一个放大器

1）增益：大于 20dB

2）带宽：大于 100kHz

2. 用 CPLD 实验箱（板）和已制作的放大器制作一台频率计

1）测量范围：10Hz ~ 100kHz

2）显示：3 位

6.2.2 发挥部分

1. 加大

放大器增益：至 60dB

放大器带宽：至 500kHz

2. 用给定的 A/D 转换器和 CPLD 测量已给电压的幅度

测量范围：输入信号越小越好

3. 用 CPLD 器件存储并显示以下值（其中 A 为幅值）

$A\sin 20°$ $A\sin 40°$ $A\sin 60°$ $A\sin 80°$

由于该题涉及到一些数字电路的内容，这里只介绍前端信号放大和整形部分的电路设计思路。

根据题目要求，交流信号应该先经过放大器的放大之后，输入到由比较器组成的整形电路，转换成方波信号再给后续的数字电路进行处理，系统框图如图 6-36 所示。

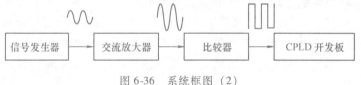

图 6-36   系统框图（2）

6.2.3　方案设计

1. 放大电路的设计

放大电路设计方案一：由于这里是进行交流信号的放大，所以使用低噪声的交流放大器 NE5532 来进行放大。使用 NE5532 组成单级放大器，这是最简单直接的放大器方案，但是该方案是否能满足题目的带宽要求还需要进行深入分析（图 6-37）。

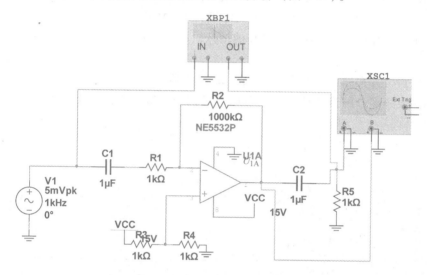

图 6-37　由 NE5532 组成的单级放大电路

由 NE5532 的数据手册可知，它的增益带宽积为 10MHz，如果要实现题目中的基本要求，即放大倍数为 100 倍，理论带宽将为 10000kMz/100 = 100kMz，能达到基本要求。但是如果要达到发挥部分的 1000 倍，理论带宽为 10000kMz/1000 = 10kMz，远远达不到设计要

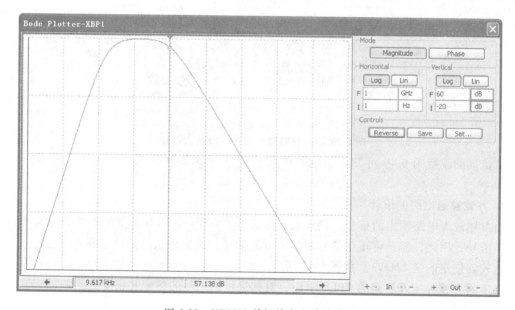

图 6-38　NE5532 单级放大电路波特图

求。

为了验证理论分析，将该电路使用 Multisim 仿真。NE5532 单级放大电路波特图如图 6-38 所示。

由 Multisim 仿真得到的波特图 6-38 可知，该电路的截止频率只有 9.617kHz，与理论分析相符，达不到题目设计要求。

如果仍然使用单级放大的方案，要实现发挥部分，放大器的增益带宽积为

$$500\text{kMz} \times 1000 = 500\text{MHz} \tag{6-26}$$

这对于单个运算放大器来说是非常高的指标，价格非常昂贵，所以使用单级放大器方案不可行。

放大电路设计方案二：由 NE5532 组成三级放大器

为了达到发挥部分的带宽要求，还可以考虑使用多级放大的方案，电路结构如图 6-39 所示。

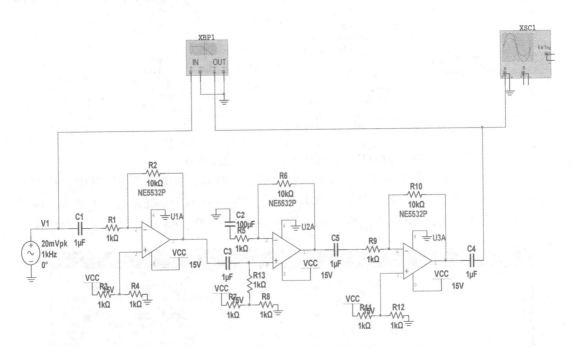

图 6-39　由 NE5532 组成的三级放大电路

从仿真的波特图 6-40 可知，该电路的截止频率为 517.947kHz，达到了发挥部分的要求。

2. 方波整形电路的设计

由上述放大电路输出的信号，仍然是正弦信号，而后续 CPLD 能够处理的是有高低电平的数字信号，因此，需要将正弦信号转换为方波信号，这里使用的是比较器来进行转换，这里的比较器使用的是 LM393，如图 6-41 所示。

输出的方波再接入后面的 CPLD 电路，对其进行进一步的频率和幅度的测量。

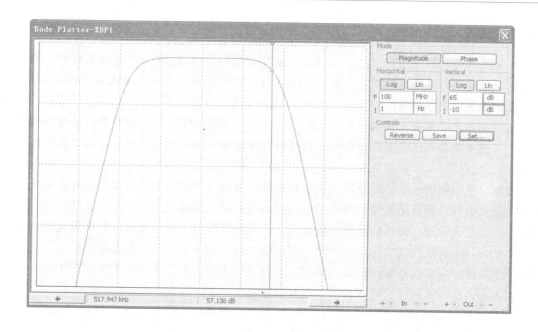

图 6-40　由 NE5532 组成的三级放大电路波特图

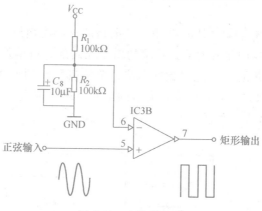

图 6-41　比较器电路

6.3　电子设计竞赛题目 2——可编程自动增益放大器的设计

题目：在给定的电路板上（含一片 TLC085 四运放，一片 DAC7811，一片 LP2950-33），用指定的单片机开发板（MSP430G2553）及芯片设计一个有自动增益控制（AGC）的放大器，具体的要求如下：

1）放大器频率范围：1~60kHz；

2）放大器增益：40dB；

3）放大器增益可控范围：（输入信号频率为 10kHz）大于 35dB；

4）放大器需采用单电源工作，仅 +5V 供电，实现带宽和增益上述指标；

5）以上各项中放大器输出均不允许有失真。

6.3.1　赛题背景

本届比赛赛题的应用背景是广泛应用在通信领域的 AGC 电路。在通信系统中，接收机的输入信号受到各种因素的影响。例如，发射台功率的大小、接收机离发射台距离的远近、信号在传播过程中传播条件的变化（如电离层和对流层的骚动、天气的变化）、接收机环境的变化（如汽车上配备的接收机），以及人为产生的噪声对接收机的影响等。受这些因素的影响，其输入信号变化范围往往很大，信号弱时可以是一微伏或几十微伏，信号强时可达几百毫伏，最强信号和最弱信号相差可达几十分贝。这个变化范围称为接收机的动态范围。为了防止强信号引起的过载，需要增大接收机的动态范围，这就产生了自动增益控制电路，它能够使放大电路的增益随信号强度而进行自动调整。当信号幅度较小时，提高放大器增益，从而提高接收灵敏度，而当信号幅度较大时，自动的降低放大器的增益，从而避免放大器进入饱和状态，失去线性放大作用。因此，它能够在输入信号幅度变化很大的情况下，使输出信号幅度保持恒定或仅在较小范围内变化，不至于因为输入信号太小而无法正常工作，也不至于因为输入信号太大而使接收机发生饱和或堵塞。

AGC 电路目前概括起来有模拟 AGC 和数字 AGC 电路两种实现方法。考虑到本届竞赛的特点，这里只能采用数字的方式来进行实现。

6.3.2　整体结构

AGC 电路的总体电路结构如图 6-42 所示。电路的核心是由运放放大器 TLC085 和电阻网络 DAC7811 组成的程控增益放大器，系统的增益控制部分由单片机及相关外设组成。通过其自带的 A/D 转换器并配合一定的软件算法，单片机采集到放大器输出的正弦波峰值，判断运放输出是否接近饱和，从而调节放大器的增益，最终构成 AGC 闭环控制系统，使放大器始终工作于其线性放大工作区。

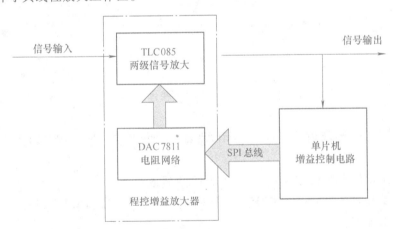

图 6-42　AGC 电路的总体电路结构

6.3.3　程控增益放大器的实现

竞赛组委会给定的运算放大器是美国 TI 公司推出的 TLC085，它是一款具有较高"AC"、"DC"性能的单电源运算放大器。根据其数据手册给出的数据，在供电电源为单

5V、工作温度为 25℃、输出电流为 1mA 情况下，其输出的最大值为 4.1V，最小值为 0.18V。题目中要求该放大器的正常增益为 40dB，即放大 100 倍，而增益可控范围为 35dB，即最小增益为 5dB，放大倍数约为 1.78 倍。因此需要搭建增益可变放大器，并且放大器的增益可以通过数字接口由单片机来控制。

　　竞赛组委会给定了另外一款芯片 DAC7811。DAC7811 本身是 12 位的 R-2R 电阻网络，其内部结构如图 6-43 所示。

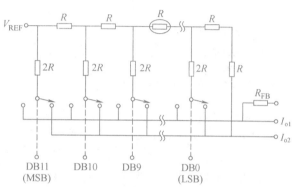

　　通常 DAC7811 需要外加一个精密运算放大器来组成 12 位 D/A 转换器，如图 6-44 所示。图 6-43 中的 12 个选通开关由外部处理器通过 SPI 协议控制，使得 2R 下端接入 I_{o1} 或者 I_{o2}。外部运算放大器的 U_{i+} 接地。根据运放的"虚短"理论，运放的 U_{i+} 和 U_{i-} 的电压相等，可以认为是短接在一起的，这时最右边的两个 2R 相当于并联，并联总电阻等于 R，这个等效电阻又与椭圆圈中的 R 串联，形成一个 2R 等效电阻，这个等效电阻又会与右边第三个 2R 并联，依此类推，最后，从 U_{REF} 端进去，整体 R-2R 电阻网络的阻值为恒定的 R，流入 U_{REF} 端的恒定总电流为

图 6-43　DAC7811 内部结构图

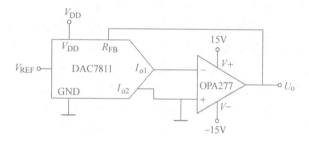

图 6-44　DAC7811 构成数模转换器

$$I_{TOTAL} = \frac{U_{REF}}{R} \qquad (6\text{-}27)$$

　　I_{TOTAL} 在整个 R-2R 电阻网络中的 2R 支路上被分流，流入每个开关支路电流大小为

$$I = \frac{I_{TOTAL}}{2^n} \qquad (6\text{-}28)$$

　　对于 DAC7811，$n = 1 \sim 12$，MSB 位开关上流过的电流最大，为 $I_{TOTAL}/2$，后面每个开关的电流为前一个 2R 的 1/2。

　　每一路 2R 上的电流，由开关选通，决定是流入 U_{i-} 还是 U_{i+}，流入 U_{i-} 的电流总和，对于 DAC7811 来说，将为

$$\frac{I_{TOTAL}\,\text{CODE}}{4096} = \frac{U_{REF}}{R}\frac{\text{CODE}}{4096} \qquad (6\text{-}29)$$

　　这里 CODE 为写入 DAC7811 控制字的值。

　　根据运放的"虚断"理论，输出电压为

$$-\frac{U_o}{R_{FB}} = \frac{U_{REF}}{R}\frac{\text{CODE}}{4096} \qquad (6\text{-}30)$$

DAC7811 中，$R_{FB} = R$，于是最终得到

$$U_\circ = - \frac{U_{\text{REF}} \text{CODE}}{4096} \qquad (6\text{-}31)$$

如果把 $R\text{-}2R$ 电阻网络放在运放的反馈回路中，即可得到程控增益放大器，如图 6-45 所示。

该放大器的输出电压为

$$U_\circ = - \frac{U_{\text{REF}} \times 4096}{\text{CODE}} \qquad (6\text{-}32)$$

单片机通过 SPI 口改变 CODE 值，即改变了放大器的放大倍数，从而构成了程控增益放大器。

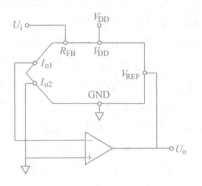

图 6-45　DAC7811 构成程控增益放大器

6.3.4　系统带宽的扩展

由于运放的增益带宽积是一定的，题目给定的运算放大器为 TL085，其手册给出的增益带宽积（GBP）为 10MHz。根据运放的工作原理，其工作带宽与负反馈深度是成反比的，当运放的增益增大时，其带宽会相应的减小。如果使用单级放大器实现整体放大功能，当系统增益为 40dB 时，放大器最大带宽为

$$B = \frac{\text{GBP}}{A} = \frac{10000}{100} \text{kHz} = 100 \text{kHz} \qquad (6\text{-}33)$$

虽然这个值已经满足题目所要求的带宽，然而这只是理论最大带宽，考虑到元件布局、走线和焊接等实际因素，要达到这个带宽是比较困难的。为了提高系统的整体带宽，需要使用多级运算放大器，使每级运放的增益降低，从而提高整体带宽。根据题目的要求，最多只能使用四运放中的两个。因此这里最多只能使用两级放大，第一级为运放与 DAC7811 构成程控增益放大器，放大倍数由单片机程控可调，第二级为固定增益放大器。由于系统的最低放大倍数约为 1.78 倍，因此把第二级的放大倍数设定为 1.5 倍，这样第一级的带宽为

$$B = \frac{\text{GBP}}{A} = \frac{10000}{100} \times 1.5 \text{kHz} = 150(\text{kHz}) \qquad (6\text{-}34)$$

第二级的带宽为

$$B = \frac{\text{GBP}}{A} = \frac{10000}{1.5} \text{kHz} = 6666.7(\text{kHz}) \qquad (6\text{-}35)$$

因此将系统总体带宽扩展到了 100kHz 以上，从而既满足系统的增益动态调节范围要求，又尽量地提高了系统带宽。

6.3.5　单片机部分实现

单片机部分是该系统的控制核心，其主要功能是实现输出信号的幅度测量，从而判断运算放大器输出有没有接近其输出饱和电压。当放大器的输入信号幅度增大时，单片机降低程控放大器的增益，限制运放输出进入饱和区，而当放大器输入信号幅度降低时，又提高程控放大器的增益，使输入信号得到最大程度的放大，保证了放大器的灵敏度。

由于运放输出的信号为正弦交流信号，题目给定的元器件无法实现对其幅度的直接测量，因此需要使用单片机内部的比较器和 A/D 转换器，配合一定的软件算法，来实现输出信号幅度的测量。

为了让单片机内置的 A/D 转换器采集到正弦波的峰值，单片机必须先采集到正弦波的

周期，并且从正弦波的过零点开始计时到正弦波的峰值处开启 A/D 转换。因此必须使用单片机内置的比较器实现正弦波的过零触发，然后计算两次过零点的时间，得到正弦波的周期，进而控制 A/D 转换器的启动。具体的软件流程图如图 6-46 所示。

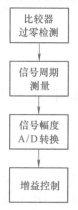

图 6-46　单片机增益控制算法实现

通过单片机构成的闭环控制电路，就能够实现电路的整体增益随着输入信号电平的变化自动调整，从而保证电路有较大的动态范围。

附　　录

附录 A　模拟电子技术基本元器件介绍

A.1　二极管和晶体管

二极管和晶体管为半导体器件，内部由 PN 结构成。国产半导体器件型号命名方法如图 A-1 所示，型号由五部分组成。型号组成部分的符号及其意义如表 A-1 所示。

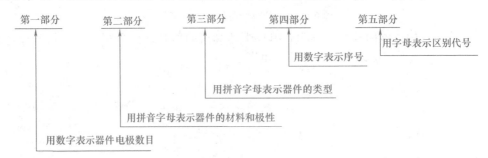

图 A-1　国产半导体器件型号命名方法（国标 GB249-4）

如图 A-2 所示，前三部分的符号标志：硅 NPN 型高频小功率晶体管。后面四、五部分为此系列的细分种类，详细参数可查半导体手册。

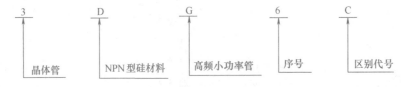

图 A-2　半导体器件标示示例

A.1.1　晶体二极管

二极管是常用的半导体组件之一，二极管具有单向导电性。当电流从阳极流向阴极时，二极管呈导通状态；反之，当电流企图从阴极流向阳极时，管子呈截止状态。这个特性使得二极管广泛应用在整流、检波、保护和数字电路上。

1. 二极管的种类

二极管按其组成的材料可分为锗二极管、硅二极管、砷化镓二极管（发光二极管）。而按用途分可为整流二极管、稳压二极管、开关二极管、发光二极管、检波二极管、变容二极管等。

2. 二极管的主要参数

常用的整流二极管的参数如下：

表 A-1　半导体器件型号字母的意义

第一部分		第二部分		第三部分					
符号	意义	符号	意义	符号	意义	符号	意义	符号	意义
2	二极管	A	N型、锗材料	P	普通管	K	开关管	X	低频小功率管（截止频率小于3MHz，耗散功率小于1W
		B	P型、锗材料	V	微波管	T	可控硅		
		C	N型、硅材料	W	稳压管	B	雪崩管	G	高频小功率管（截止频率不小于3MHz，耗散功率小于1W
		D	P型、硅材料	C	参量管	N	阻尼管		
3	晶体管	A	PNP型、锗材料	Z	整流管	CS	场效应器件	D	低频大功率管（截止频率小于3MHz，耗散功率小于1W
		B	NPN型、锗材料	L	整流堆	FH	复合管		
		C	PNP型、硅材料	S	隧道管	JB	激光器件	A	高频大功率管（截止频率不小于3MHz，耗散功率不小于1W）
		D	NPN型、硅材料	U	光电管	BT	半导体特殊器件		

1）额定正向工作电流：它是二极管在正常连续工作时，能通过的最大正向电流值。

2）最高反向工作电压：它是二极管在正常工作时，所能承受的最高反向电压值。它是击穿电压值的 1/2。

3）最大反向电流：它是二极管在最高反向工作电压下允许流过的反向电流，此参数反映了二极管单向导电性能的好坏。因此这个电流值越小，表明二极管质量越好。

4）反向击穿电压：二极管上加反向电压时，反向电流会很小。但是当反向电压增大到某一数值时，反向电流将突然增大，这种现象被称为击穿。产生击穿时的电压称为反向击穿电压。

5）最高工作频率：它是二极管在正常下的最高频率。如果通过二极管电流的频率大于此值，二极管将不能起到它应有的作用。

3. 常用二极管的电路符号

常用二极管的电路符号如图 A-3 所示。

a）一般二极管　　b）稳压二极管　　c）发光二极管　　d）光敏二极管

图 A-3　常用二极管的电路符号

4. 用数字万用表检测二极管好坏

数字万用表有二极管测量挡。拨到此挡，将万用表的红表笔与二极管的 P 极相接，黑表笔与二极管的 N 极相接，此时二极管导通，万用表屏幕显示二极管的正向导通压降。不同材料的二极管，其正向导通压降不同，硅管为 0.4～0.7V，锗管为 0.150～0.300V。如将万用表的红表笔与二极管的 N 极相接，黑表笔与二极管的 P 极相接，此时二极管截止，万用表屏幕显示数值"1"，表示截止。

5. 发光二极管的管脚

发光二极管是常用的器件，可根据需求选择不同颜色。它的管脚见图 A-4，短的管脚为负极，长的管脚为正极。

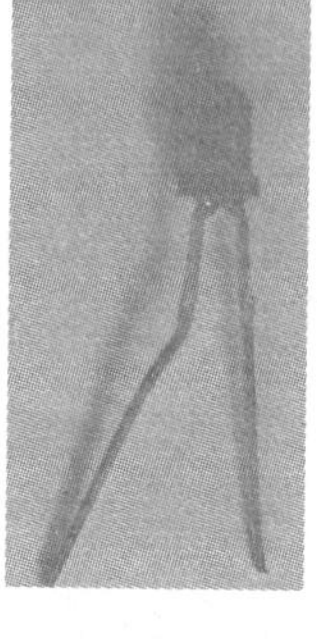

A.1.2　晶体管

图 A-4　发光二极管实物图

晶体管是双极型晶体管的简称，是常用的半导体组件之一，具有电流放大和开关的作用，是电子电路的核心组件。

1. 晶体管的种类

晶体管主要有 NPN 型和 PNP 型两大类，一般可以从晶体管上标出的型号来识别，见表 A-1。

晶体管的种类划分如下：

1）按结构分为：有点接触和面接触型。

2）按工作频率分为高频管、低频管、开关管。

3）按功率大小分为大功率、中功率、小功率。

4）从封装形式分为金属封装、塑料封装。

2. 晶体管的主要参数

晶体管的主要参数可分为直流参数、交流参数、极限参数三大类。

1）直流参数：集电极—基极反向电流 I_{cbo}。此值越小说明晶体管温度稳定性越好，一般小功率管约 $10\mu A$ 左右，硅管更小。集电极—发射极反向电流 I_{ceo}，也称穿透电流。此值越小说明晶体管稳定性越好；过大说明这个管子不宜使用。

2）极限参数：集电极最大允许电流 I_{CM}；集电极最大允许耗散功率 P_{CM}；集电极—发射极反向击穿电压 BV_{ceo}；

3）晶体管的电流放大系数：晶体管的直流放大系数和交流放大系数近似相等，在实际使用时一般不在区分，都用 β 表示，也可用 h_{FE} 表示。

为了能直观地表明晶体管的放大倍数，常在晶体管的外壳上标注不同的色标。锗、硅开关管、高低频小功率管、硅低频大功率管用色标标志如表 A-2 所示。

表 A-2　部分晶体管 β 值色标表示

β 的范围	0～15	15～25	25～40	40～55	55～80	80～120	120～180	180～270	270～400	400～
色标	棕	红	橙	黄	绿	蓝	紫	灰	白	黑

4）特性频率 f_T：晶体管的 β 值随工作频率的升高而下降，晶体管的特性频率 f_T 是当 β 下降到 1 时的频率值。也就是说，在这个频率下的晶体管，已失去放大能力，因此管子的工作频率必须小于管子特性频率的 1/2 以下。

3. 常用晶体管的外型识别

1）小功率晶体管外型电极识别：对于小功率晶体管来说，有金属外壳和塑料外壳封装两种，如图 A-5 所示。金属外壳上通常有一个小凸片，与该小凸片相邻最近的引脚为发射极

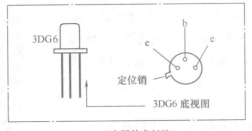

a) 金属外壳封装　　　　　　　　b) 塑料外壳封装

图 A-5　小功率晶体管电极识别

e。图 A-5 给出了 3DG6 和 9013 的引脚示意图。

　　2）大功率晶体管外型电极识别：对于大功率晶体管，外形一般分为 F 型和 G 型两种，如图 A-6 所示。F 型管从外形上只能看到两个极。将引脚底面朝上，两个电极引脚置于左侧，上面为 e 极，下为 b 极，底座为 c 极。G 型管的三个电极的分布如图 A-6b 所示。

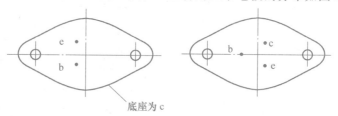

a) F 型大功率晶体管　　　　b) G 型大功率晶体管

图 A-6　大功率晶体管电极识别

A.1.3　用数字万用表判断晶体管好坏及辨别管子 e、b、c 电极

　　用数字万用表测二极管的挡也能检测晶体管的 PN 结，可以很方便的确定晶体管的好坏及类型，但要注意，数字万用表红表笔为内部电池的正端。例如，当把红表笔接在假设的基极上，而将黑表笔先后接到其余两个极上，如果表显示通（硅管正向压降在 0.7V 左右），则假设的基极是正确的，且被测管子为 NPN 型管。

　　确定了 b 极后，再用数字万用表测晶体管放大倍数的挡（h_{FE}）确定晶体管的 c 极和 e 极。一般数字万用表都有测晶体管放大倍数的挡（h_{FE}），使用时，要先确认管子类型，然后将被测管子 e、b、c 三引脚分别插入数字万用表面板对应的晶体管插孔中，可测量出晶体管 h_{FE} 的近似值。在已知 b 极，而 e、c 不确定时，具体操作是，先假设除 b 外的两个引脚为 c 和 e，测量 h_{FE}；然后交换 c 和 e 的引脚，再次测量 h_{FE}。这样得到两个数值，h_{FE} 数值为大时，此时的引脚排布为正确的。

　　以上介绍的方法是比较简单的测试，要想进一步精确测试可以使用晶体管图示仪，它能十分清楚地显示出晶体管的特性曲线及电流放大倍数等。

附录 B　常用模拟集成电路器件介绍

B.1　集成运算放大器

　　集成运算放大器是具有差分输入和直接耦合电路的高增益、宽频带的电压放大器。它的成本低，用途广泛。当集成运算放大器外接不同的反馈网络后，能实现多种电路功能，可作为放大器、有源滤波器、振荡器和转换器（如电流/电压转换器、频率/电压转换器等），可实现模拟运算，也可构成非线性电路（如对数转换器、乘法器等）等。

　　理想集成运算放大器的特性是尽善尽美的，例如，增益无限大，通频带无限大，同相与反相之间以及两输入端与公共端——地之间的输入电阻为无限大，输出阻抗为零，输入失调电压为零，输入失调电流为零，只放大差模信号，能完全抑制共模信号等。

　　实际被使用的集成运算放大器与理想集成运算放大器的特性有一定的差异，但它的发展方向正趋于理想集成运算放大器。它们的差异如表 B-1 所示。

表 B-1　理想集成运算放大器与实际集成运算放大器比较

特性	理想集成运算放大器	实际集成运算放大器
失调电压	0V	0.5 ~ 5V
失调电流	0A	1nA ~ 10μA
失调电压的温度	0V/℃	1 ~ 50μV
偏置电流	0A	1nA ~ 100μA
输入电阻	∞ Ω	10kΩ ~ 1000MΩ
通频带	∞ Hz	10kHz ~ 2MHz
输出电流	为电源的容量	1 ~ 30mA
共模抑制比	∞ dB	60 ~ 120dB
上升时间	0s	10ns ~ 10μs
转移速率	∞ V/s	0.1 ~ 100V/μs
电压增益	∞ dB	$10^3 ~ 10^6$ dB
电源电流	0A	0.05 ~ 25mA

B.1.1　常用集成运算放大器的类型

集成运算放大器的类型很多，按特性分类有：通用型、高精度型、低功耗型、高速型、单电源型和低噪声型等。按构造分类有：双极型、结型场效应管输入型、MOS 场效应管输入型和 CMOS 型等。

B.1.2　通用型集成运算放大器 μA741

1. 引脚图及工作参数

集成运算放大器 μA741 的引脚图如图 B-1 所示。

其主要极限参数（最大额定值）如下：

1）最大电源电压：±18V。

2）最大差分电压（同相端与反相端之间的输入电压）：±30V。

3）最大输入电压：±15V。

4）允许工作温度：0 ~ +70℃。

5）允许功耗：500mW

6）最大输出电压：比电源电压略低，例如，当电源电压提供
±12V 时，开环时最大输出电压约 ±11V。

图 B-1　μA741 的引脚图

2. μA741 典型电路

μA741 是有零漂调整引脚的运放。典型电路如图 B-2 所示。在调零端 1、5 引脚之间接一个调整失调电压电位器，当接成比例、求和运算电路时，调零电位器用于闭环调零。

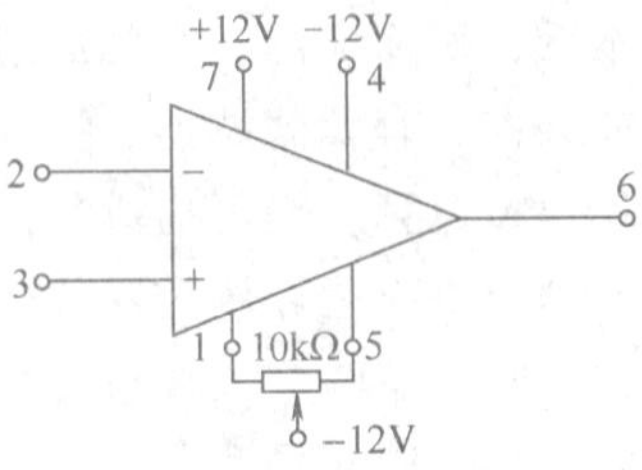

B.2　集成三端稳压器

集成三端稳压器是一种串联调整式稳压器，内部设有过热、过流和过压保护电路。它只有三个外引出端（输入端、输出端和公共地端），将整流滤波后的不稳定的直流电压接

图 B-2　μA741 典型电路

到集成三端稳压器输入端，经三端稳压器后在输出端得到某一值的稳定的直流电压。

B. 2. 1　根据输出电压能否调整进行分类

集成三端稳压器的输出电压有固定和可调输出之分。固定输出稳压器的输出电压是由制造厂预先调整好的，输出为固定值。例如，7805 型集成三端稳压器，输出为固定 +5V。

可调输出稳压器的输出电压可通过少数外接元件在较大范围内调整，当调节外接元件值时，可获得所需的输出电压。例如，CW317 型集成三端稳压器，输出电压可以在 1.2～37V 范围连续可调。

B. 2. 2　固定输出稳压器型号分类

1. 根据输出正负电压分类

输出正电压系列（78××），它的电压共分为 5～24V 7 个挡。例如，7805，7806，7809 等，其中字头 78 表示输出电压为正值，后面数字表示输出电压的稳压值。输出电流为 1.5A（带散热器）。

输出负电压系列（79××），它的电压共分为 -24～-5V 7 个挡。例如，7905，7906，7912 等，其中字头 79 表示输出电压为负值，后面数字表示输出电压的稳压值。输出电流为 1.5A（带散热器）。

2. 根据输出电流分类

输出为小电流：代号 L。例如，78L××，最大输出电流为 0.1A。

输出为中电流：代号 M。例如，78M××，最大输出电流为 0.5A。

输出为大电流：代号 S。例如，78S××，最大输出电流为 2A。

注意：每个厂家分挡符号不一，选购时要注意产品说明书。

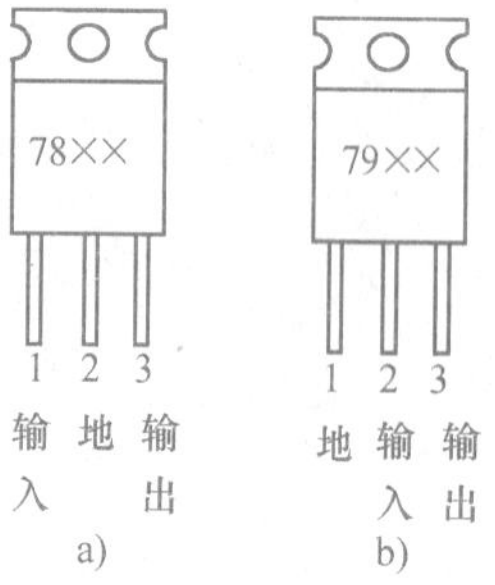

B. 2. 3　固定三端稳压器的外形图及主要参数

固定三端稳压器的封装形式：有金属外壳封装（F-2）和塑料封装（S-7）。常见的塑料封装（S-7），其外形图如图 B-3 所示。几种固定三端稳压器的参数，如表 B-2 所示。

图 B-3　固定三端稳压器的外形图

表 B-2　几种固定三端稳压器的参数（$C_i = 0.33\mu F$，$C_o = 0.1\mu F$，$T_a = 25℃$）

参数	单位	7805	7806	7815
输出电压范围	V	4.8～5.2	5.75～6.25	14.4～15.6
最大输入电压	V	35	35	35
最大输出电流	A	1.5	1.5	1.5
ΔU_o（I_o 变化引起）	mV	100 （$I_o = 5mA～1.5A$）	100 （$I_o = 5mA～1.5A$）	150 （$I_o = 5mA～1.5A$）
ΔU_o（U_I 变化引起）	mV	50 （$U_I = 7～25V$）	60 （$U_I = 8～25V$）	150 （$U_I = 17～30V$）
ΔU_o（温度变化引起）	mV/℃	±0.6 （$I_o = 500mA$）	±0.7 （$I_o = 500mA$）	±1.8 （$I_o = 500mA$）

（续）

参数	单位	7805	7806	7815
器件压降($U_I - U_o$)	V	$2 \sim 2.5(I_o = 1A)$	$2 \sim 2.5(I_o = 1A)$	$2 \sim 2.5(I_o = 1A)$
偏置电流	mA	6	6	6
输出电阻	mΩ	17	17	19
输出噪声电压(10 ~ 100kHz)	μV	40	40	40

B.2.4　固定三端稳压器应用电路

固定三端稳压器常见应用电路如图 B-4 所示。

为了保证稳压性能，使用三端稳压器时，输入电压与输出电压相差至少 2V 以上，但也不能太大，太大则会增大器件本身的功耗以至于损坏器件。在输入与公共端之间、输出端与公共端之间分别接了 0.33μF 和 0.1μF 左右的电容，可以防止自激振荡。

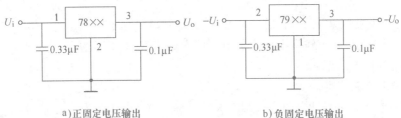

a)正固定电压输出　　　　　　　　　b)负固定电压输出

图 B-4　固定三端稳压器应用电路

参 考 文 献

[1]   金凤莲. 模拟电子技术基础实验及课程设计［M］. 北京：清华大学出版社，2009.
[2]   于卫. 模拟电子技术实验及综合实训教程［M］. 武汉：华中科技大学出版社，2008.
[3]   张博霞，韩建设. 电子技术基础实验指导［M］. 北京：北京邮电大学出版社，2011.
[4]   刘蕴络，韩守梅. 电工电子技术实验教程［M］. 北京：兵器工业出版社，2011.
[5]   徐国华，等. 模拟及数字电子技术实验教程［M］. 北京：北京航空航天大学出版社，2004.
[6]   谭海曙. 模拟电子技术实验教程［M］. 北京：北京大学出版社，2008.
[7]   华柏兴，卢葵芳. 模拟电子技术实验［M］. 杭州：浙江大学出版社，2004.
[8]   邢冰冰，雷岳俊，罗文，等. 电子技术基础实验教程［M］. 北京：机械工业出版社，2009.
[9]   杨素行. 模拟电子技术基础简明教程［M］. 2 版. 北京：高等教育出版社，1998.
[10]   翟丽芳. 模拟电子技术［M］. 北京：机械工业出版社，2011.
[11]   吴慎山. 模拟电子技术实验与实践［M］. 北京：电子工业出版社，2011.
[12]   华成英. 模拟电子技术基础［M］. 4 版. 北京：高等教育出版社，2006.
[13]   华成英. 模拟电子技术习题解答［M］. 4 版. 北京：高等教育出版社，2007.
[14]   刘祖刚. 模拟电路分析与设计基础［M］. 北京：机械工业出版社，2008.
[15]   毕满清. 电子技术实验与课程设计［M］. 3 版. 北京：机械工业出版社，2006.
[16]   杨欣，王玉凤，刘湘黔. 电子设计从零开始［M］. 北京：清华大学出版社，2005.
[17]   姚金生，郑小利. 元器件［M］. 北京：电子工业出版社，2008.
[18]   孙淑艳. 模拟电子技术实验指导书［M］. 北京：中国电力出版社，2009.
[19]   Bruce Carter, Ron Mancini. 运算放大器权威指南［M］. 姚剑清，译. 北京：人民邮电出版社.
[20]   王连英. 基于 Multisim 10 的电子仿真实验与设计［M］. 北京：北京邮电大学出版社，2009.
[21]   刘贵栋. 电子电路的 Multisim 仿真实践［M］. 哈尔滨：哈尔滨工业大学出版社，2008.
[22]   聂典，丁伟. Multisim 10 计算机仿真在电子电路设计中的应用［M］. 北京：电子工业出版社，2009.
[23]   陈庭勋. 模拟电子技术实验指导［M］. 杭州：浙江大学出版社，2009.
[24]   李淑明. 模拟电子电路实验·设计·仿真［M］. 成都：电子科技大学出版社，2010.
[25]   周淑阁. 模拟电子技术实验教程［M］. 南京：东南大学出版社，2008.
[26]   金燕，方迎联. 模拟电子技术基础实验［M］. 北京：中国水利水电出版社，2008.
[27]   聂典，丁伟. Multisim 10 计算机仿真在电子电路设计中的应用［M］. 北京：电子工业出版社，2009.
[28]   崔建明，陈惠英，温卫中. 电路与电子技术的 Multisim10.0 仿真［M］. 北京：中国水利水电出版社，2009.